BAUSTEINE

Mathematik 4

Herausgegeben von
Regina Möller

Erarbeitet von
Baldur Bertling, Ulrike Engel-Quast,
Sven Haack, Gudrun Leitzig,
Hannelore Schumacher, Veronika Sommerfeld
und Alois Wesseling

Diesterweg

INHALT

Selbstkontrolle

1 Besondere Aufgabe

1 Übungsaufgabe

1 Wiederholungsaufgabe

FERIENERLEBNISSE

1

a) 340 + 190 = ____
280 + 360 = ____
360 + 390 = ____
280 + 580 = ____
680 + 290 = ____

b) 373 + 280 = ____
105 + 550 = ____
440 + 217 = ____
599 + 60 = ____
370 + 291 = ____

c) 182 + 163 = ____
395 + 172 = ____
495 + 294 = ____
361 + 551 = ____
372 + 541 = ____

S. 6 ↓

2 Ergänze zum nächsten Hunderter.

a) 367 + ____ = 400
742 + ____ = ____
985 + ____ = ____
411 + ____ = ____

b) 626 + ____ = ____
859 + ____ = ____
193 + ____ = ____
534 + ____ = ____

c) 244 + ____ = ____
778 + ____ = ____
416 + ____ = ____
952 + ____ = ____

3

a)

247	247	247
84	84	84
+ 407	+ 542	+ 56

b)

278	278	278
165	165	165
+ 153	+ 216	+ 522

c)

233	198	477
+	+	+
783	645	921

d)

+ 376	+ 576	+ 257
736	934	613

4 Rechne geschickt.

a) 53 + 62 + 95 = ____
47 + 75 + 83 = ____
36 + 88 + 76 = ____

b) 72 + 72 + 16 = ____
65 + 65 + 25 = ____
96 + 86 + 68 = ____

c) 167 + 284 + 449 = ____
321 + 432 + 147 = ____
367 + 248 + 185 = ____

5 Lea will sich ein neues Fahrrad für 299 € kaufen.

Sie überlegt: „Ich habe 84 € gespart, das alte Fahrrad kann ich für 75 € verkaufen, von Oma bekomme ich 50 €, und meine Eltern geben mir 40 €."

S. 7

1 a) 370 – 90 = ____
630 – 50 = ____
850 – 70 = ____

b) 960 – 600 = ____
220 – 200 = ____
580 – 300 = ____

c) 600 – 120 = ____
600 – 140 = ____
800 – 340 = ____

2 a) 1 000 – 300 = ____
1 000 – 330 = ____
1 000 – 333 = ____

b) 700 – 400 = ____
700 – 440 = ____
700 – 444 = ____

c) 900 – 600 = ____
900 – 690 = ____
900 – 691 = ____

3 a) 300 – ____ = 120
300 – ____ = 115
500 – ____ = 265

b) 600 – ____ = 240
600 – ____ = 245
900 – ____ = 363

c) 800 – ____ = 250
800 – ____ = 261
400 – ____ = 261

4 In Leas Schule gehen 375 Kinder.

a) Davon sind 188 Mädchen. Wie viele Jungen besuchen die Schule?

b) Leas Klasse hat eine Umfrage gemacht. 116 Kinder laufen in die Schule, 149 Kinder fahren mit dem Rad. Der Rest wird mit dem Auto gebracht.

5 a)

```
  7 6 3      9 4 3
– 2 1 9    – 2 8 8
-------    -------
```

b)

```
  8 3 2      7 6 3
–          –
-------    -------
  4 5 6      4 8 7
```

c)

```
– 6 4 9    – 2 7 8
-------    -------
  1 2 9      3 8 9
```

6 Rechne geschickt.

a) 100 – 36 – 15 – 24 – 15 = ____

b) 1 000 – 125 – 350 – 25 – 450 = ____

7 In allen vierten Klassen sind 72 Kinder. Es sind 14 Mädchen mehr als Jungen.

a) Wie viele Jungen sind es?

b) Wie viele Mädchen sind es?

S. 8 ↓

1

a)
7 · 5 = ____
8 · 4 = ____
9 · 8 = ____
5 · 6 = ____
7 · 7 = ____

b)
8 · 50 = ____
9 · 40 = ____
6 · 60 = ____
8 · 70 = ____
10 · 80 = ____

c)
70 · 5 = ____
80 · 4 = ____
90 · 8 = ____
50 · 6 = ____
70 · 7 = ____

d)
8 · 40 = ____
8 · 50 = ____
8 · 60 = ____
9 · 60 = ____
9 · 80 = ____

2

a)
3 · ____ = 12
3 · ____ = 120
3 · ____ = 24
3 · ____ = 240
3 · ____ = 300

b)
7 · ____ = 42
7 · ____ = 490
3 · ____ = 21
3 · ____ = 240
8 · ____ = 560

c)
____ · 90 = 450
____ · 60 = 540
____ · 80 = 560
____ · 90 = 630
____ · 80 = 640

d)
____ · 9 = 36
____ · 9 = 360
____ · 9 = 720
____ · 6 = 48
____ · 6 = 480

3

a) Marie hat im Urlaub 7 Ansichtskarten verschickt. Jede Karte kostete 50 ct. Eine Briefmarke kostete 45 ct.

b) Sie bekam von der Oma für die Karten und das Porto 10 €. Den Rest durfte sie behalten.

4

a)

⊙	20		24	25	
6					300
8					
9		36			

b)

⊙			47	48	96
5		35			
2	80				
7					

5

>, < oder =?

a)
7 · 40 ☐ 240
6 · 30 ☐ 210
7 · 70 ☐ 490
9 · 50 ☐ 350

b)
70 · 8 ☐ 540
9 · 90 ☐ 840
12 · 20 ☐ 240
40 · 11 ☐ 440

c)
40 · 3 ☐ 6 · 20
80 · 4 ☐ 15 · 20
50 · 9 ☐ 10 · 40
60 · 3 ☐ 2 · 90

1

a)	b)	c)	d)
42 : 6 = ___	120 : 4 = ___	250 : ___ = 5	180 : ___ = 30
48 : 8 = ___	240 : 6 = ___	360 : ___ = 6	240 : ___ = 3
54 : 6 = ___	360 : 9 = ___	490 : ___ = 7	160 : ___ = 40
56 : 7 = ___	480 : 6 = ___	120 : ___ = 3	280 : ___ = 4
63 : 9 = ___	600 : 10 = ___	210 : ___ = 3	270 : ___ = 90

S. 9

2 Schreibe zu jedem Päckchen vier weitere Aufgaben.

a)	b)	c)
35 : 9 = 3 R 8	32 : 8 = ______	34 : 7 = ______
45 : 9 = ______	42 : 8 = ______	44 : 7 = ______
55 : 9 = ______	52 : 8 = ______	54 : 7 = ______
______	______	______
______	______	______
______	______	______
______	______	______

3 Rechne und mache die Probe.

a) 762 : 6   127 · 6

600 : 6 = ___

120 : 6 = ___

42 : 6 = ___

762 : 6 = ___

b) 864 : 4

______

______

______

864 : 4 = ___

c) 959 : 7

______

______

______

959 : 7 = ___

4 Verbinde gleiche Ergebnisse.

7 · 60 = ___

750 : 5 = ___

666 : 3 = ___

900 – 480 = ___

1000 – 680 = ___

160 + 30 + 32 = ___

37 + 60 + 53 = ___

198 : 9 = ___

160 · 2 = ___

777 – 755 = ___

6 · 3 · 5 = ___

720 : 8 = ___

S. 10/11

1

a) 694 + 7 = ____
298 + 6 = ____
795 + 9 = ____
497 + 7 = ____
899 + 4 = ____

b) 705 – 5 = ____
502 – 5 = ____
807 – 8 = ____
403 – 6 = ____
906 – 8 = ____

c) 695 + ____ = 710
297 + ____ = 320
796 + ____ = 810
498 + ____ = 520
898 + ____ = 930

2 Verbinde und ergänze.

Meine Zahl ist die Differenz von 342 und 234.

Meine Zahl ist der neunte Teil von 630.

Meine Zahl ist das Achtfache von 60.

8 · 60 = ____

342 + 234 = ____

342 – 234 = ____

630 : 9 = ____

Meine Zahl ist die Summe von 342 und 234.

Meine Zahl ist die Differenz von 324 und 432.

7 · 90 = ____

480 : 8 = ____

432 – 324 = ____

324 + 432 = ____

Meine Zahl ist der achte Teil von 480.

Meine Zahl ist das Siebenfache von 90.

Meine Zahl ist die Summe von 324 und 432.

3 Verdopple die Zahlen immer weiter.

a) 3, 6, 12,
b) 13,
c) 7,
d) 15,

4 Ein Teil der Aufgaben ist falsch. Überprüfe und verbessere.

a) 360 + 350 = 720 f, 710
980 – 140 = 840 ____
730 – 150 = 980 ____
270 + 480 = 750 ____
850 – 180 = 670 ____
360 + 470 = 930 ____

b) 3 · 240 = 720 ____
490 : 70 = 7 ____
500 : 25 = 25 ____
124 · 6 = 724 ____
525 : 7 = 65 ____
4 · 208 = 832 ____

c) 4 · 81 = 234 ____
324 : 36 = 9 ____
234 + 434 = 668 ____
469 + 431 = 890 ____
900 : 30 = 30 ____
668 – 199 = 467 ____

1 Rechne vier verschiedene Aufgaben mit jeweils zwei Zahlen.

a) 312 und 3	b) 114 und 6	c) 99 und 9	d) 133 und 7
312 + 3 = ____	____	____	____
312 – 3 = ____	____	____	____
312 · 3 = ____	____	____	____
312 : 3 = ____	____	____	____

2 Halbiere.

30	38	380	50	150	300	450	70	210	350	108	114	224

3 a) Ich beginne mit 12, multipliziere mit 4, verdopple und subtrahiere 6.

☐ ⟶ ☐ ⟶ ☐ ⟶ ☐

b) Ich denke mir eine Zahl, dividiere durch 7, addiere 22, multipliziere mit 20 und erhalte 660.

☐ ⇄ ☐ ⇄ ☐ ⇄ ☐

4 Setze die fehlenden Rechenzeichen +, –, ·, : ein.

16 ☐	2 =	4 ☐	8
56 ☐	8 =	72 ☐	65
32 ☐	28 =	12 ☐	5

100 ☐	25 =	25 ☐	50
200 ☐	2 =	150 ☐	50
100 ☐	25 =	25 ☐	5

450 ☐	5 =	300 ☐	210
187 ☐	178 =	630 ☐	70
280 ☐	7 =	8 ☐	5

5 Verbinde mit der richtigen Aufgabe.

a) Die Sommerferien dauern sechs Wochen und drei Tage.
Wie viele Tage sind es insgesamt?

b) Drei Wochen darf Lea mit ihren sechs Kusinen ins Zeltlager.
Wie viele Tage sind das?

6 · 3 + 7 = ____

6 · 7 = ____

6 · 3 + 4 = ____

3 · 7 = ____

7 · 3 + 6 = ____

6 · 7 + 3 = ____

6 Eva schläft im Schnitt acht Stunden am Tag.
Wie viele Tage von ihren Ferien würde Eva verschlafen?

VON WALEN UND GROSSEN ZAHLEN

1 a)

T	H	Z	E

______

b)

S. 12/13

T	H	Z	E

______

c)

T	H	Z	E

______

d)

T	H	Z	E

______

2 Schreibe die Zahlen auf.

	T	H	Z	E	
a) zweitausendfünfhundert	2	5	0	0	2500
b) eintausenddreiundsiebzig					
c) dreitausendzweiundsechzig					
d) eintausendeinhundert-siebenundneunzig					
e) zweitausendvierhundert-achtundsechzig					
f) viertausendfünfhundertdrei					
g) neuntausendsechshundertneun					
h) siebentausendzweihundert-zweiundzwanzig					

S. 14/15

1 a)
4 000 + 30 + 6 + 200 = ______
9 000 + 10 + 300 + 9 = ______
30 + 6 000 + 700 + 2 = ______
50 + 500 + 1 000 + 7 = ______

b)
7 + 2 000 + 60 = ______
70 + 4 000 + 600 = ______
7 000 + 300 + 6 = ______
50 + 5 000 = ______

2 Schreibe die Zahlenfolgen auf.

a) 900, 1 000, 1 100, ______, ______, ______, ______, ______, ______, 1 800

b) 2 500, 2 400, 2 300, ______, ______, ______, ______, ______, ______, 1 600

c) 10 000, 9 500, 9 000, ______, ______, ______, ______, ______, ______, 5 500

3 a)
3 300 + 2 000 = ______
7 100 + 1 500 = ______
2 500 + 4 000 = ______

b)
10 000 – 3 000 = ______
10 000 – 4 200 = ______
10 000 – 7 800 = ______

c)
3 800 + ______ = 6 000
5 200 + ______ = 8 000
1 900 + ______ = 7 000

4

Meine Zahl hat sieben Hunderter, zwei Tausender, zwei Zehner und mehr als sieben Einer und sie ist ungerade.

Meine Zahl hat doppelt so viele Zehner wie Einer, doppelt so viele Hunderter wie Zehner und doppelt so viele Tausender wie Hunderter.

Meine Zahl hat vier Einer, acht Hunderter, zwei Zehner und sechs Tausender.

Meine Zahl hat dreimal die Ziffer Null und liegt zwischen 4 001 und 5 990.

Meine Zahl ist um eins kleiner als die Hälfte von Zehntausend.

Meine Zahl ist um 100 größer als das Doppelte von Zweitausend.

5 a)
7 · 70 = ______
9 · 70 = ______
11 · 70 = ______

b)
9 · 80 = ______
7 · 70 = ______
5 · 60 = ______

c)
2 · 110 = ______
4 · 110 = ______
6 · 110 = ______

d)
7 · 90 = ______
7 · 60 = ______
7 · 80 = ______

6 a) 2 400, 2 600, 2 900, ______, ______, ______, ______, ______, ______, ______

Regel: + 200, + 300, + 400, …

b) 10 000, 9 900, 9 700, ______, ______, ______, ______, ______, ______, ______

Regel: – 100, – 200, – 300, …

S. 16/17

1 Ordne die Zahlen der Größe nach. Beginne mit der größten Zahl.

a) 9 100, 3 300, 9 900, 5 400, 900, 2 100, 6 700, 1 900

____

b) 3 040, 4 130, 1 340, 1 400, 4 300, 5 200, 3 400, 4 030

____

2 Ordne die Zahlen der Größe nach. Beginne mit der kleinsten Zahl.

a) 9 010, 1 900, 1 990, 910, 9 110, 190, 9 100, 1 910

____

b) 2 468, 8 426, 6 248, 4 268, 8 642, 6 842, 6 824, 8 246

____

3 Schreibe Vorgänger und Nachfolger auf.

a)	b)	c)
___, 1 841, ___	___, 6 300, ___	___, 5 000, ___
___, 7 399, ___	___, 9 100, ___	___, 9 000, ___
___, 5 603, ___	___, 7 600, ___	___, 1 000, ___

4 Schreibe die benachbarten Zehner auf.

a)	b)	c)
___, 3 762, ___	___, 7 976, ___	___, 8 339, ___
___, 4 221, ___	___, 6 138, ___	___, 2 653, ___
___, 1 785, ___	___, 5 844, ___	___, 9 587, ___

5 Schreibe die benachbarten Hunderter auf.

a)	b)	c)
___, 6 106, ___	___, 9 437, ___	___, 7 375, ___
___, 8 383, ___	___, 3 248, ___	___, 5 860, ___
___, 1 714, ___	___, 2 550, ___	___, 4 632, ___

6

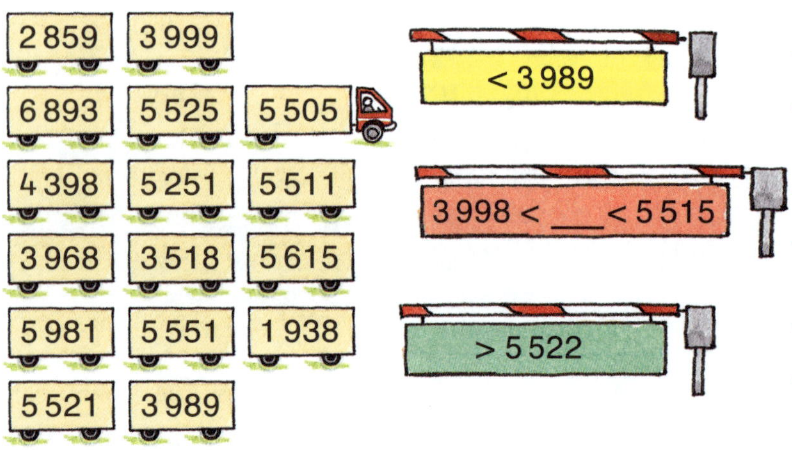

____

____

____

____

____

____

S. 18/19

1 a)

+	200	2 000	400	4 000
400				
4 000				
4 400				

b)

+	500	1 500	2 000	2 500
2 500				
4 800				
6 700				

2 a)

−	300	1 300	600	1 600
5 000				
4 500				
3 000				

b)

−	300	500	700	900
3 300				
6 500				
7 100				

3 Trage diese Zahlen in die Zahlenmauern ein.

a) 2 700, 2 000, 1 300, 600, 700, 2 100

b) 400, 2 400, 3 600, 600, 1 600, 1 200, 1 800, 6 000

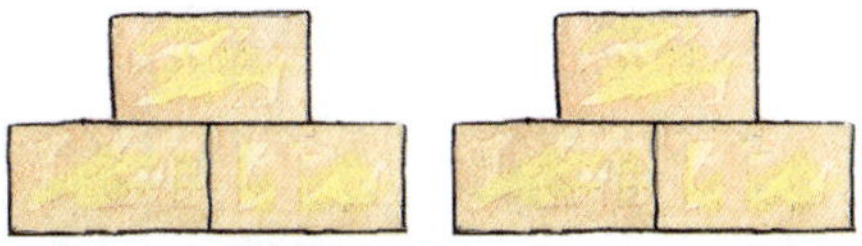

4 a) Der Kassierer an der Zookasse bekommt Wechselgeld: fünfzig 2-€-Stücke und fünfundzwanzig 5-€-Scheine. Wie viel Geld ist das zusammen?

b) Am Abend überprüft er die Kasse. Er hat vier 5-€-Scheine, vierundzwanzig 10-€-Scheine, sechzehn 20-€-Scheine und acht 50-€-Scheine. Wie viel Geld ist das insgesamt?

c) Das Münzgeld beträgt zusammen noch 62,80 €. Er will einen runden Betrag zur Bank bringen. Wie viel Wechselgeld bleibt in der Kasse?

GRUNDRECHENARTEN BIS 10 000

S. 20 ↓

1 Seit 1180 n. Chr. gab es die ersten Glasfenster in einigen englischen Wohnhäusern.

Berechne die Zeitspanne von damals bis heute in Jahren.

2 Um 1250 n. Chr. wurden die ersten Brillengläser in Europa hergstellt.

Berechne die Zeitspanne von damals bis heute in Jahren.

3 1903 wurde die erste Flaschenglasmaschine hergestellt. Sie stellte 9 Flaschen in einer Minute her.

a) Berechne die Zeitspanne von damas bis heute in Jahren.

b) Fülle die Tabelle aus.

Minuten	1	5	15		45		75	
Gläser	9			270		540		810

S. 21 ↓

4 Zur Herstellung von Flaschen wird auch Altglas verwendet. Auf 10 000 kg kommen bis zu 8 000 kg Altglas. Fülle die Tabelle aus.

Altglas	3 125 kg	4 250 kg	5 750 kg	6 950 kg
Neue Rohstoffe	kg	kg	kg	kg
Gemenge	10 000 kg	10 000 kg	10 000 kg	10 000 kg

5 Ein Kaufhaus bestellt in einer Fabrik 540 Gläser, die in Kartons zu je 6 Gläsern geliefert werden.

Wie viel Kartons erhält das Kaufhaus?

6 Die Fabrik liefert einem Kaufhaus 480 Gläser in Kartons zu je 12 Gläsern.

Wie viel Kartons erhält das Kaufhaus?

1

a) 3456 + 4321
b) 2345 + 7654
c) 1654 + 7234
d) 4363 + 5234
e) 3654 + 5234

S. 22 ↓

2

a) 6789 + 2345
b) 5678 + 3456
c) 4567 + 4567
d) 3456 + 3456
e) 2345 + 2345

3

a) 7 001 + 999 = ______
8 599 + 401 = ______
4 009 + 991 = ______

b) 3 099 + 1 901 = ______
4 123 + 4 877 = ______
1 234 + 4 766 = ______

c) 5 008 + 1 992 = ______
1 070 + 6 930 = ______
4 343 + 4 657 = ______

4

a) 5454 + □5□5 = 9□□9
b) 3232 + □6□6 = 9□9□
c) 4□42 + 46□6 = □88□
d) 1□03 + 85□4 = □76□
e) 3□7□ + 65□8 = □999

5

a) 6789 − 2345
b) 5678 − 2345
c) 8567 − 6789
d) 9876 − 5678
e) 8228 − 6336

S. 23 ↓

6

a) 9 000 − 5 001 = ______
8 000 − 4 010 = ______
4 000 − 1 090 = ______
7 000 − 4 100 = ______

b) 8 585 − 2 424 = ______
9 797 − 4 646 = ______
7 878 − 1 515 = ______
5 656 − 3 434 = ______

c) 5 000 − 1 998 = ______
6 000 − 4 899 = ______
8 000 − 3 995 = ______
4 001 − 2 002 = ______

7

a) 6543 − 5533 = □□□□
b) □□□□ − 4422 = 1010
c) 4321 − □□□□ = 1010
d) 76□4 − 6□44 = □01□
e) □876 − 8□66 = 10□0

8

a) 4141 − 1414
b) 5252 − 2525
c) 6363 − ____ = 2727
d) 7474 − ____ = 2727
e) ____ − 1515 = 3636

S. 25

1 a) 1 234 · 4

1 000 · 4 = ___
200 · 4 = ___
30 · 4 = ___
4 · 4 = ___

___ · 4 = ___

b) 1 597 · 6

___ · 6 = ___
___ · 6 = ___
___ · 6 = ___
___ · 6 = ___

___ · 6 = ___

c) 2 678 · 3

___ · 3 = ___
___ · 3 = ___
___ · 3 = ___
___ · 3 = ___

___ · 3 = ___

2 a) 799 · 2 = ___
799 · 4 = ___
799 · 8 = ___

b) 1 598 · 2 = ___
1 598 · 4 = ___
3 196 · 2 = ___

c) 399 · 3 = ___
399 · 6 = ___
399 · 9 = ___

d) 798 · 3 = ___
798 · 6 = ___
798 · 9 = ___

3

899 · 4 | 835 · 8
350 · 2 | 599 · 6
207 · 9 | 311 · 9
798 · 3 | 295 · 6

1000 < ___ < 2000

___ · ___ = ___
___ · ___ = ___

2000 < ___ < 3000

___ · ___ = ___
___ · ___ = ___

3000 < ___ < 4000

___ · ___ = ___
___ · ___ = ___

4 a) 3 702 : 3

___ : 3 = ___
___ : 3 = ___
___ : 3 = ___
___ : 3 = ___

___ : 3 = ___

b) 9 504 : 4

___ : 4 = ___
___ : 4 = ___
___ : 4 = ___
___ : 4 = ___

___ : 4 = ___

c) 8 868 : 6

___ : 6 = ___
___ : 6 = ___
___ : 6 = ___
___ : 6 = ___

___ : 6 = ___

5 a) 1 800 : 2 = ___
1 840 : 2 = ___
1 880 : 2 = ___
1 920 : 2 = ___

b) 3 200 : 4 = ___
3 240 : 4 = ___
3 280 : 4 = ___
3 320 : 4 = ___

c) 5 600 : 8 = ___
5 680 : 8 = ___
6 080 : 8 = ___
6 160 : 8 = ___

d) 7 200 : 9 = ___
7 290 : 9 = ___
7 560 : 9 = ___
7 650 : 9 = ___

6 Wenn ich meine Zahl durch 9 dividiere und dann 90 addiere, erhalte ich 500.

☐ ⇄ ☐ ⇄ ☐ Meine Zahl heißt ___.

S. 26

1 a) $2424 + 3 \cdot 8 =$ ___ + ___ = ___
$6336 + 9 \cdot 4 =$ ___ + ___ = ___
$7228 + 4 \cdot 7 =$ ___ + ___ = ___

b) $3 \cdot 90 + 3 \cdot 90 =$ ___
$4 \cdot 70 + 4 \cdot 70 =$ ___
$3 \cdot 50 + 3 \cdot 50 =$ ___

2 a) $2800 - 4 \cdot 70 =$ ___ − ___ = ___
$8100 - 9 \cdot 90 =$ ___ − ___ = ___
$4200 - 6 \cdot 70 =$ ___ − ___ = ___

b) $3600 : 4 - 1 \cdot 90 =$ ___
$5600 : 8 - 2 \cdot 70 =$ ___
$5400 : 9 - 3 \cdot 60 =$ ___

3 a) $(27 + 3) \cdot 5 =$ ___ = ___
$27 + 3 \cdot 5 =$ ___ = ___

b) $(72 + 8) \cdot 3 =$ ___ = ___
$72 + 8 \cdot 3 =$ ___ = ___

c) $(525 + 35) : 7 =$ ___ = ___
$525 + 35 : 7 =$ ___ = ___

d) $(738 + 72) : 9 =$ ___ = ___
$738 + 72 : 9 =$ ___ = ___

4 a) $3 \cdot 8 + 5 \cdot 8 =$ ___ = ___
$(3 + 5) \cdot 8 =$ ___ = ___

b) $2 \cdot 7 + 4 \cdot 7 =$ ___ = ___
$(2 + 4) \cdot 7 =$ ___ = ___

c) $4 \cdot 70 + 5 \cdot 70 =$ ___ = ___
$(4 + 5) \cdot 70 =$ ___ = ___

d) $3 \cdot 60 + 6 \cdot 60 =$ ___ = ___
$(3 + 6) \cdot 60 =$ ___ = ___

5 a)
$2 \cdot 90 + 7 \cdot 90$
$(2 + 7) \cdot 90$
___
___
___
___
810

b)
$2 \cdot 700 + 8 \cdot 700$
$(2 + 8) \cdot 700$
___
___
___
___
7000

c)
$5 \cdot 800 + 2 \cdot 800$
$(5 + 2) \cdot 800$
___
___
___
___
5600

6 a)

:	10	100	2	3	6
300					
3000					

b)

:	10	100	2	4	8
400					
2400					

7 Wenn ich meine Zahl mit 9 multipliziere und dann durch 3 dividiere, erhalte ich 600.

☐ ⇄ ☐ ⇄ ☐ Meine Zahl heißt ___.

ZEIT

1 Wie lange fährt der Zug? Verbinde.

S. 28/29 ↓

Abfahrt: 13:38 **Ankunft:** 14:04	**Abfahrt:** 15:13 **Ankunft:** 15:44	**Abfahrt:** 16:13 **Ankunft:** 16:48	**Abfahrt:** 18:19 **Ankunft:** 19:30
1 h 11 min	35 min	31 min	26 min

2 Reisen mit der Bahn.

Abfahrt	08:15	09:20		11:37	13:57	
Fahrtzeit	35 min		75 min	23 min	2 h 15 min	59 min
Ankunft		17:09	15:20			15:23

3 Vervollständige das Säulendiagramm. Trage die fehlenden Werte ein.

S. 31 ↓

a) Zeit für die Hausaufgaben

Nico:

Ayman:

Dario: 2 5 min

Sara: 6 0 min

Leonie: 4 5 min

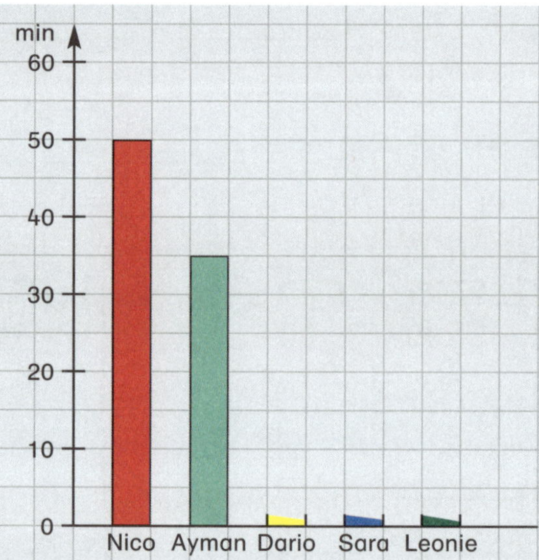

b) Teos Zeit für die Hausaufgaben

Mo: 2 0 min

Di: 5 0 min

Mi: 3 0 min

Do: 6 0 min

Fr: 4 5 min

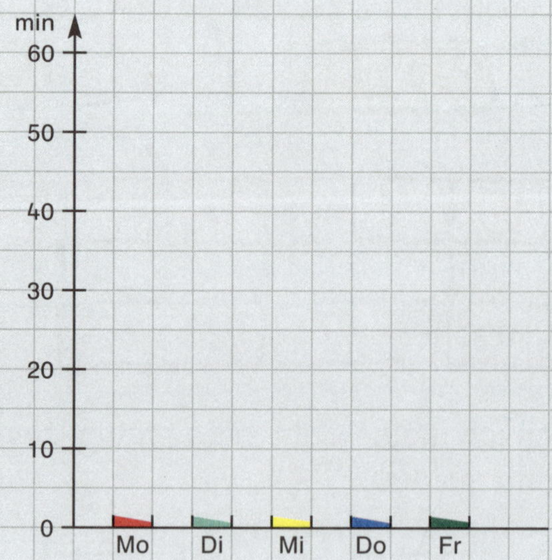

S. 32

1 Wie viel Zeit bleibt bis zur Abfahrt der Züge?

Dauer: ________ Dauer: ________ Dauer: ________ Dauer: ________

2 Rechnen mit Sekunden, Minuten, Stunden und Tagen.

a) 1 min = ______ s
7 min = ______ s
60 min = ______ s
2 h = ______ s

b) 120 s = ______ min
45 s = ______ min
360 s = ______ min
90 s = ______ min

c) 100 Tage = ______ h
5 Tage = ______ h
48 h = ______ Tage
240 h = ______ Tage

3 Rechne geschickt. Wie viel Zeit ist vergangen?

a) von 18:22$_{31}$ bis 18:24$_{22}$ ________
b) von 13:27$_{48}$ bis 14:12$_{11}$ ________
c) von 09:15$_{03}$ bis 11:21$_{47}$ ________
d) von 16:30$_{58}$ bis 17:02$_{44}$ ________
e) von 15:15$_{22}$ bis 06:10$_{37}$ ________
f) von 03:22$_{28}$ bis 00:23$_{05}$ ________

4 Rechnen mit Sekunden.

a) Wie viele Sekunden dauert die große Hofpause?
b) Wie viele Sekunden sind ein Tag?

5 Petra war 1 h 45 min im Schwimmbad. Fritz war sogar 6 420 Sekunden im Freibad.

UMFANG

S. 34

1 Bestimme den Umfang.

a)

_____ mm

_____ mm

Umfang: _____ mm = _____ cm

b)

_____ mm

_____ mm

Umfang: _____ mm = _____ cm

c)

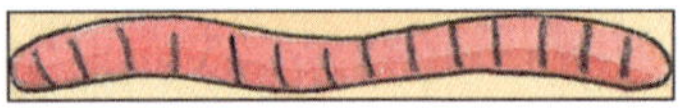

_____ mm _____ mm

Umfang: _____ mm = _____ cm

d)

_____ mm _____ mm

Umfang: _____ mm = _____ cm

2 Berechne.

a)

Länge	180 cm	170 cm	290 cm	130 cm	166 cm	125 cm
Breite	320 cm	180 cm	110 cm	75 cm	144 cm	152 cm
Umfang						

b)

Länge		42 cm		88 cm	101 cm	
Breite	18 cm		77 cm			111 cm
Umfang	0,5 m	1 m	2 m	3 m	4 m	5 m

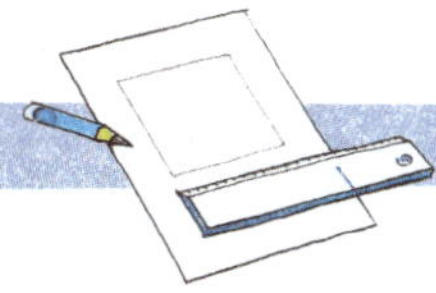

S. 35 ↓

1 Bestimme den Umfang.

a)

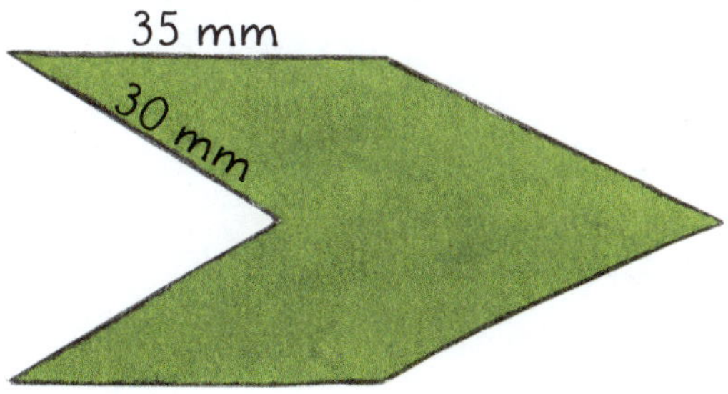

Umfang: ____ mm = ____ cm

b)

Umfang: ____ mm = ____ cm

c)

Umfang: ____ mm = ____ cm

d)

Umfang: ____ mm = ____ cm

e)

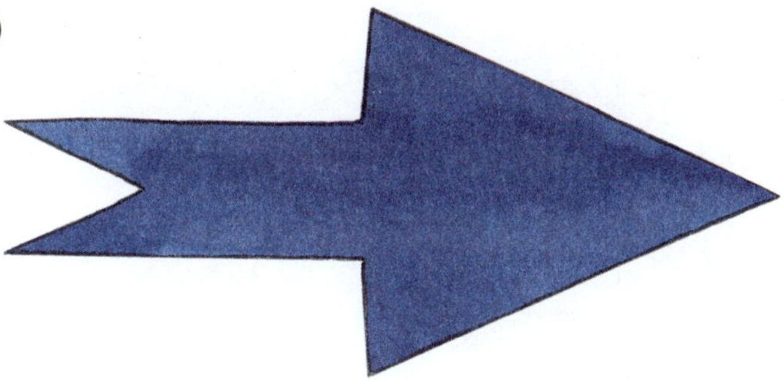

Umfang: ____ mm = ____ cm

f)

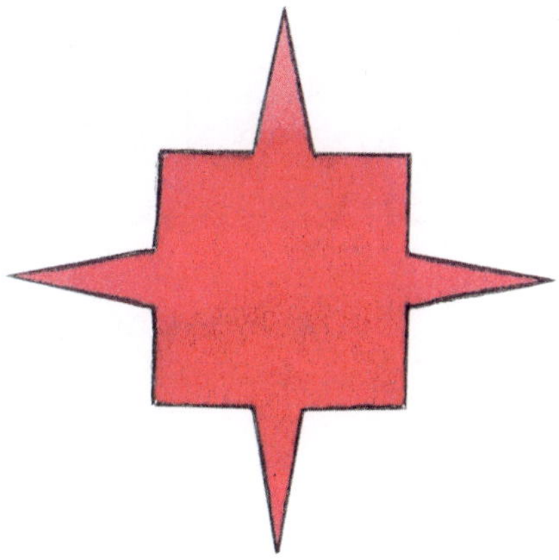

Umfang: ____ mm = ____ cm

g) Welche Figuren haben den gleichen Umfang? ______________________________

____

2 Welcher Umfang passt? Verbinde.

Rechteck:
Breite 82 mm
Länge 71 mm

Quadrat:
eine Seite
2,7 cm

Dreieck:
jede Seite
7,9 cm

Dreieck:
jede Seite
3,6 m

108 mm

306 mm

10,8 m

237 mm

30,6 cm

FLÄCHENINHALT

S. 36/37

1 Unterteile geschickt. Bestimme den Flächeninhalt.

a)

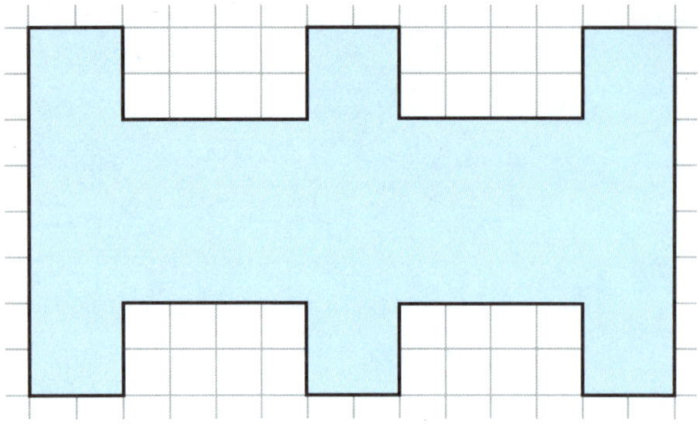

b)

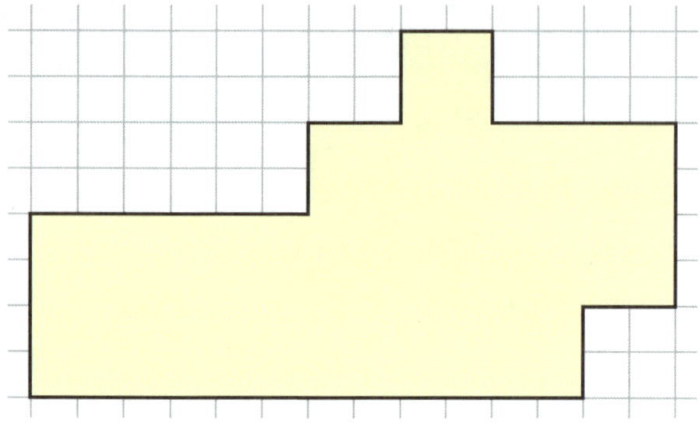

Flächeninhalt: ___ Quadratzentimeter

___ Quadratzentimeter

2 Welche Burg hat die größere Grundfläche?

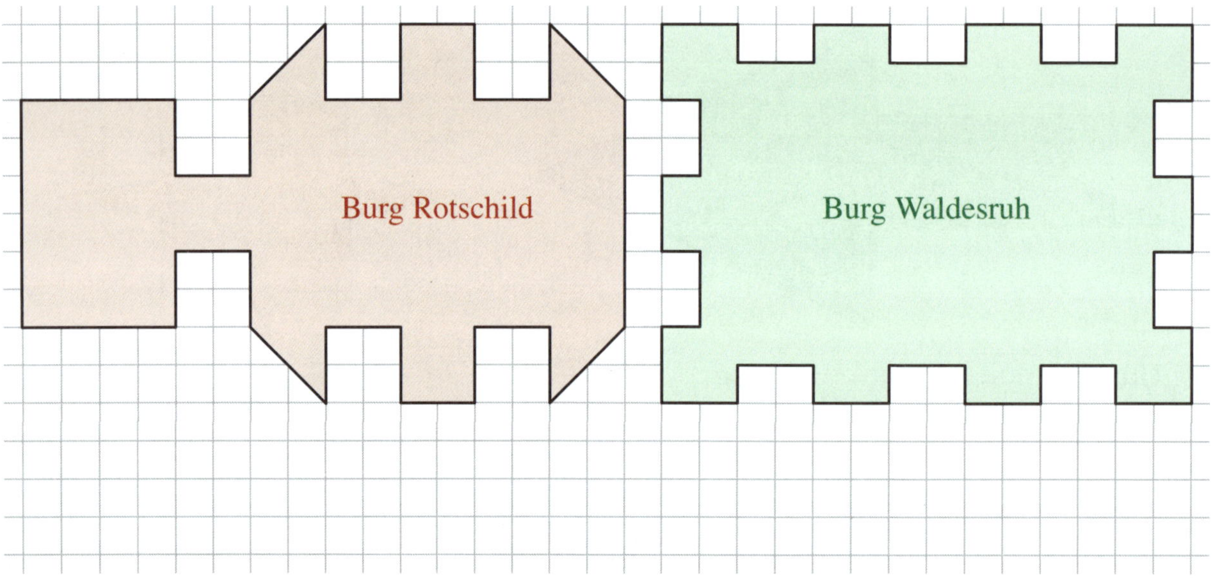

Burg ________________ hat eine Grundfläche von ____ Quadratzentimetern.
Sie ist um ____ Quadratzentimeter größer als Burg ________________.

3 Welche dieser Flächeninhalte können zu einem Quadrat gehören? Kreuze an.

484	441	144	225	255	256	488	1 024
☐	☐	☐	☐	☐	☐	☐	☐

1 a)

Länge	17 cm	19 cm	11 cm	12 cm	8 cm	50 cm
Breite	40 cm	3 cm	29 cm	70 cm	44 cm	21 cm
Fläche	Quadratzentimeter	Quadratzentimeter	Quadratzentimeter	Quadratzentimeter	Quadratzentimeter	Quadratzentimeter

b)

Länge	8 cm	9 cm		11 cm	9 cm	
Breite		13 cm	11 cm	15cm		7 cm
Fläche	112 Quadratzentimeter	Quadratzentimeter	121 Quadratzentimeter	Quadratzentimeter	153 Quadratzentimeter	119 Quadratzentimeter

2 Die Festhalle eines Dorfes ist 48 m lang und 20 m breit.

a) Der Boden der Halle wird erneuert.
Welchen Flächeninhalt hat der Hallenboden?
Ein Quadratmeter kostet 80 €. Wie viel kostet der gesamte Boden?

b) Die Festhalle soll innen bis zu einer Höhe von 4 m gestrichen werden. Die Fläche der Fenster und Türen beträgt 30 Quadratmeter.
Wie groß ist die Fläche, die gestrichen werden muss?

ZAHLENRAUM BIS 100 000

S. 38/39

1 a) 30 000 + 5 + 600 + 70 + 3 000 = ______
800 + 10 + 9 000 + 70 000 + 2 = ______
1 000 + 400 + 40 000 + 6 + 80 = ______
50 + 4 + 80 000 + 7 000 + 100 = ______
60 000 + 1 + 5 000 + 80 + 200 = ______

b) 2 000 + 90 000 + 8 + 20 = ______
20 000 + 30 + 500 + 3 = ______
4 + 800 + 10 000 = ______
9 000 + 50 000 + 60 = ______
70 + 5 + 30 000 = ______

2 Zerlege in Zehntausender, Tausender, Hunderter, Zehner und Einer.

a) 64 961 = 60 000 + 4 000 + 900 + 60 + 1
23 754 = ______
55 121 = ______
91 910 = ______
73 832 = ______

b) 48 306 = ______
17 083 = ______
36 570 = ______
82 405 = ______
20 600 = ______

3 Schreibe die Zahlen auf.

	ZT	T	H	Z	E	
a) sechsunddreißigtausend-achthundertfünfundzwanzig	3	6	8	2	5	36 825
b) zweiundzwanzigtausend-fünfhundertdreizehn						______
c) achtunddreißigtausend-neunhundertneunundsechzig						______
d) vierundneunzigtausend-dreihundertzweiundsiebzig						______
e) einundzwanzigtausend-zweihundertfünfzig						______
f) dreiundvierzigtausend-siebenhundertdrei						______
g) fünfundfünfzigtausend-einhundertvier						______

4 a) Jan hat drei Zehntausender, vier Tausender, neun Hunderter, einen Zehner und sechs Einer. Wie heißt seine Zahl? ______

b) Lea hat sieben Einer, vier Zehner, fünf Tausender und zwei Zehntausender. Wie heißt ihre Zahl? ______

S. 41 ↓

1 Ordne die Zahlen der Größe nach. Beginne mit der größten Zahl.

a) 24 000, 74 000, 31 000, 15 000, 55 000, 47 000, 68 000, 19 000

____

b) 30 500, 51 300, 35 100, 15 430, 43 050, 13 400, 40 531, 53 000

____

2 Ordne die Zahlen der Größe nach. Beginne mit der kleinsten Zahl.

a) 62 400, 26 640, 76 200, 27 620, 67 470, 42 600, 67 740, 40 760

____

b) 43 250, 42 350, 45 320, 40 530, 43 520, 42 030, 45 300, 40 230

____

3 Wie heißen die Nachbartausender?

a) ______, 27 200, ______
______, 52 300, ______
______, 84 700, ______
______, 19 800, ______

b) ______, 30 900, ______
______, 22 100, ______
______, 76 700, ______
______, 99 900, ______

4 Wie heißen die Nachbarzehntausender?

a) ______, 26 000, ______
______, 88 000, ______
______, 55 000, ______
______, 14 000, ______

b) ______, 33 000, ______
______, 42 000, ______
______, 79 000, ______
______, 58 000, ______

5 Schreibe die Zahlenfolgen auf.

a) 9 000, 10 000, 11 000, ______, ______, ______, ______, ______, 17 000
b) 65 000, 67 000, 69 000, ______, ______, ______, ______, ______, 81 000
c) 38 000, 36 000, 34 000, ______, ______, ______, ______, ______, 22 000
d) 53 000, 52 500, 52 000, ______, ______, ______, ______, ______, 49 000

6 Setze < oder > ein.

a) 84 713 □ 84 731
23 650 □ 22 650
51 110 □ 51 510
36 694 □ 39 600

b) 42 180 □ 18 420
79 999 □ 79 991
26 403 □ 62 034
54 555 □ 55 455

c) 31 660 □ 31 606
46 690 □ 49 960
88 889 □ 89 988
23 233 □ 32 032

1 Schreibe Vorgänger und Nachfolger auf.

S. 42 ↓

a) ______, 28 416, ______
______, 67 931, ______
______, 51 405, ______
______, 26 299, ______
______, 47 001, ______

b) ______, 55 555, ______
______, 97 420, ______
______, 16 800, ______
______, 49 999, ______
______, 30 000, ______

2

a)
70 000 ☐
20 000 ☐
40 000 ☐
50 000 ☐
90 000 ☐
100 000

b)
31 000 ☐
25 000 ☐
41 000 ☐
63 000 ☐
89 000 ☐
100 000

c)
7 000 ☐
11 000 ☐
1 000 ☐
56 000 ☐
29 000 ☐
100 000

3 Ergänze zu 100 000.

a) 65 000 + 35 000 = 100 000
64 000 + ______ = 100 000
63 000 + ______ = 100 000
62 000 + ______ = 100 000
61 000 + ______ = 100 000

b) 10 000 + ______ = 100 000
11 000 + ______ = 100 000
11 100 + ______ = 100 000
11 110 + ______ = 100 000
11 111 + ______ = 100 000

4

24 750 | 48 999
42 334 | 66 244
60 499 | 45 445
84 566 | 49 548
48 450 | 62 571
62 986 | 55 205
59 521 | 18 997
48 583 | 62 319

< 48 540
______
______

48 590 < ___ < 62 320
______
______

> 62 600
______
______

S. 43

1 Runde auf Zehntausender und Tausender.

Zahl	auf Zehntausender gerundet	auf Tausender gerundet
24 648	20 000	25 000
81 477		
45 810		
12 936		
59 923		
30 705		
48 259		

2

Zahl	25 000	30 000	42 000	18 000	21 500	35 900	54 600	17 300
das Doppelte								

3

Zahl	40 000	10 000	68 000	90 000	80 200	100 000	27 000	63 000
die Hälfte								

4 a) Das Fußballstadion in Dortmund hat insgesamt 83 000 Plätze. Davon sind 17 000 Stehplätze. Wie viele Sitzplätze gibt es?

b) Die AWD-Arena in Hannover wird umgebaut. Zur Hinrunde gibt es 42 000 Zuschauerplätze. Ab der Rückrunde sind es 7 500 Plätze mehr.

5 Trage diese Zahlen in die Zahlenmauern ein.

a) 7 000, 8 000, 30 000, 36 000, 44 000, 45 000

	22 000

9 000	

51 000	

b) 9 000, 13 000, 18 000, 26 000, 32 000, 64 000

90 000		
8 000		46 000

45 000		
4 000		23 000

DIE FEUERWEHR IM EINSATZ

S. 44

1 a)

44 + 7 = ______
440 + 70 = ______
4 400 + 700 = ______
44 000 + 7 000 = ______
440 000 + 70 000 = ______

b)

34 + 28 = ______
340 + 280 = ______
3 400 + 2 800 = ______
34 000 + 28 000 = ______
340 000 + 280 000 = ______

2 a)

52 000 + 9 000 = ______
67 000 + 8 000 = ______
49 000 + 7 000 = ______
87 000 + 5 000 = ______

b)

68 000 + 8 450 = ______
45 000 + 7 210 = ______
36 700 + 3 300 = ______
52 000 + 9 550 = ______

3

+	20 000	2 000	40 000	4 000	31 000	31 500
24 000						
32 400						
13 240						
41 324						

4 a)

49 000 + ______ = 56 000
65 000 + ______ = 80 000
36 000 + ______ = 97 000

b)

22 500 + ______ = 30 000
31 400 + ______ = 40 000
44 600 + ______ = 50 000

5 Immer drei Zahlen ergeben zusammen 100 000. Male sie jeweils in einer Farbe an.

40 000 | 60 500 | 29 600 | 30 000 | 9 500 | 40 900 | 19 100 | 50 000 | 20 400

6 Bilde aus den Ziffern 0 bis 9 zwei 5stellige Zahlen. Benutze jede Ziffer nur einmal. Addiere die beiden Zahlen. Das Ergebnis soll zwischen 70 000 und 80 000 liegen.

7 Finde sechs fünfstellige Zahlen, die jeweils die Quersumme 24 haben.

______, ______, ______, ______, ______, ______

S. 45

1 a)

69 – 7 = ______
690 – 70 = ______
6 900 – 700 = ______
69 000 – 7 000 = ______
690 000 – 70 000 = ______

b)

84 – 17 = ______
840 – 170 = ______
8 400 – 1 700 = ______
84 000 – 17 000 = ______
840 000 – 170 000 = ______

2 a)

82 000 – 3 000 = ______
91 000 – 8 000 = ______
49 000 – 7 000 = ______
33 000 – 7 000 = ______

b)

68 600 – 8 400 = ______
95 800 – 4 200 = ______
56 400 – 3 300 = ______
88 300 – 7 200 = ______

3

–	40 000	4 000	31 000	31 500		
94 000						
63 800						60 500
79 500						
88 650					83 650	

4 a)

49 000 – ______ = 30 000
65 000 – ______ = 22 000
36 000 – ______ = 14 000

b)

22 500 – ______ = 10 000
31 400 – ______ = 20 000
44 600 – ______ = 40 000

5 Immer zwei Zahlen haben einen Unterschied von 18 000. Male sie jeweils in einer Farbe an.

45 000 | 81 000 | 56 000 | 99 000 | 11 000 | 38 000 | 27 000 | 29 000

6 Bilde aus den Ziffern 0 bis 9 zwei fünfstellige Zahlen. Benutze jede Ziffer nur einmal. Subtrahiere die beiden Zahlen voneinander. Das Ergebnis soll zwischen 30 000 und 40 000 liegen.

7 Finde sechs fünfstellige Zahlen, die jeweils die Quersumme 3 haben.

______, ______, ______, ______, ______, ______

1 a)

·	10	100	1 000	10 000
13				
34				
50				

b)

·	10	30	300
7			
9			
6			

S. 46 ↓

2 Schreibe so und streiche die passenden Kärtchen durch.

3 · 700	3 · 7 · 100	21 · 100	2 100	3 · 700 = 2 100

~~3 · 700~~ 72 · 100 35 · 100 24 · 100 ~~21 · 100~~ 4 · 600

4 · 6 · 100 5 · 700 ~~3 · 7 · 100~~ 5 · 7 · 100 8 · 9 · 100 8 · 900

3 a) 8 · 800 = ______
9 · 600 = ______
5 · 400 = ______

b) 400 · 9 = ______
6 · 800 = ______
400 · 7 = ______

c) 5 000 · 9 = ______
3 · 7 000 = ______
6 000 · 3 = ______

4

900 · 40	900 · 4 · 10	3 600 · 10	36 000	900 · 40 = 36 000
500 · 30				
800 · 90				
700 · 70				
	600 · 3 · 10			
	500 · 9 · 10			

5 a) 700 · 70 = ______
7 · 7 000 = ______
50 · 80 = ______
800 · 50 = ______

b) 600 · 70 = ______
6 · 7 000 = ______
60 · 70 = ______
800 · 70 = ______

c) 2 000 · 30 = ______
300 · 20 = ______
200 · 300 = ______
400 · 50 = ______

6 Meine Zahl liegt zwischen 28 900 und 29 000 und hat die Quersumme 21.
Meine Zahl heißt ______________.

S. 47 ↓

1 a)

:	10	100	1 000	10 000
40 000				
80 000				
50 000				

b)

:	3	4	6
12 000			
2 400			
360			

2 Schreibe so und streiche die passenden Kärtchen durch.

42 000 : 700	42 000 : 7 : 100	6 000 : 100	60	42 000 : 700 = 60

24 000 : 600 · 27 000 : 9 : 100 · ~~42 000 : 7 : 100~~ · 3 000 : 100

24 000 : 6 : 100 · 27 000 : 900 · 18 000 : 300 · 6 000 : 100

~~6 000 : 100~~ · 18 000 : 3 : 100 · 4 000 : 100 · ~~42 000 : 700~~

3 a) 64 000 : 8 = ____
64 000 : 80 = ____
64 000 : 8 000 = ____

b) 320 : 40 = ____
3 200 : 40 = ____
32 000 : 40 = ____

c) 36 : 9 = ____
360 : 90 = ____
36 000 : 9 000 = ____

4 a) 81 000 : 90 = ____
56 000 : 800 = ____
1 200 : 400 = ____
14 000 : 70 = ____

b) 72 000 : 800 = ____
3 600 : 600 = ____
36 000 : 600 = ____
18 000 : 90 = ____

c) 45 000 : 9 000 = ____
120 000 : 6 = ____
120 000 : 600 = ____
48 000 : 800 = ____

5 Eine Aufgabe in jeder Zeile passt nicht. Streiche sie durch.

				Ergebnis
40 · 400	32 000 : 2	40 · 40	20 000 – 4 000	
40 · 60	4 · 60	24 000 : 100	80 · 3	
5 000 : 10	250 · 2	50 · 10	5 000 : 100	
24 000 : 300	240 : 3	3 200 – 2 400	2 400 : 30	

6 Meine Zahl liegt zwischen 28 900 und 29 000 und hat die Quersumme 37.

Meine Zahl heißt ______________.

S. 48 ↓

1 Runde die Zahlen.

	15 843	29 108	52 872	67 439	123 789	120 998
auf H	15 800					
auf T	16 000					
auf ZT	20 000					

2 Streiche die Zahl durch, die nicht zu der gerundeten Zahl passt.

3 Frau Neugierig unternimmt eine Weltreise. Die Reise beginnt an einem Donnerstag und endet an einem Dienstag.

Wie viele Tage kann ihre Reise gedauert haben?

4 Das Leergewicht eines PKW beträgt 1 190 kg, sein Gesamtgewicht darf 1 650 kg nicht überschreiten. Vater wiegt 85 kg, die Mutter 63 kg, die beiden Kinder 33 kg und 36 kg.

Wie viel kg Gepäck könnte zugeladen werden?

5 Hannah bezahlt 4,95 Euro in Münzen.

Wie viele Münzen sind es mindestens, wie viele sind es höchstens?

6 Vater kauft Brötchen und Kuchen und bezahlt 4,20 Euro. Ein Brötchen kostet 30 Cent, ein Kuchen 80 Cent.

Wie viele Brötchen und wie viele Kuchen hat er gekauft?

1 Zeichne zu den Flächengrößen dieser Länder ein Säulendiagramm.
Runde die Zahlen auf glatte Zehntausender und ordne sie nach der Größe.

S. 48

Portugal (P):	92 345 km²	**Niederlande** (NL):	41 526 km²
Estland (EST):	45 200 km²	**Belgien** (B):	30 528 km²
Slowenien (SLO):	20 250 km²	**Irland** (IRL):	70 270 km²
Italien (I):	301 336 km²	**Deutschland** (D):	357 000 km²
Griechenland (GR):	132 000 km²	**Großbritannien** (GB):	234 300 km²

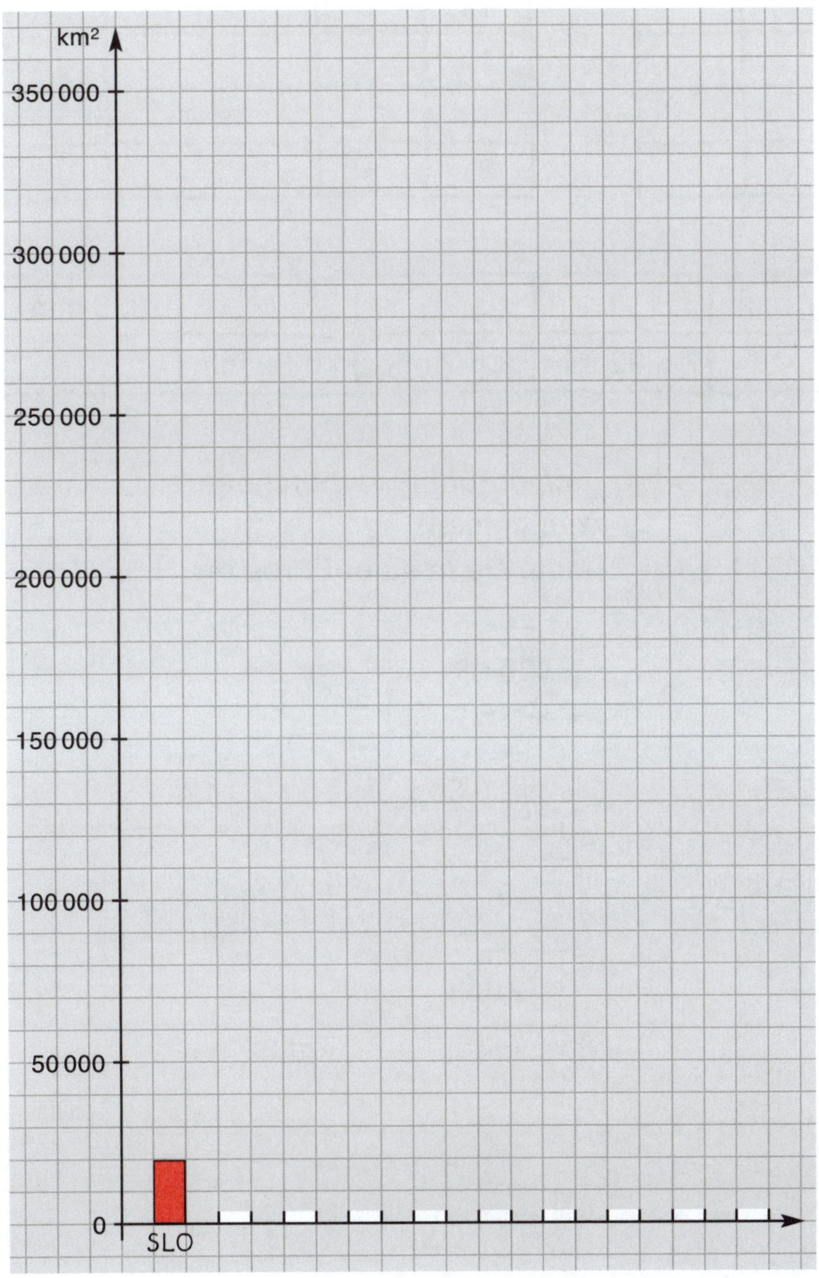

Gerundete Zahlen:

SLO: 20 000 km²

_______ km²

_______ km²

_______ km²

_______ km²

_______ km²

_______ km²

_______ km²

_______ km²

_______ km²

SCHRIFTLICHES MULTIPLIZIEREN

1 Schreibe die Zahlenfolgen sorgfältig in deiner schönsten Schrift auf.
Stoppe die Zeit.

S. 52

a) 30, 60, 90, ____, ____, ____, ____, ____, ____, 300

b) 70, 140, ____, ____, ____, ____, ____, ____, ____, 700

c) 90, ____, ____, ____, ____, ____, ____, ____, ____, 900

Ich habe ______________________ gebraucht.

2 a)

·	4	8	16	24
16				
13				
24				
30				
31				

b)

·	7	14	28	42
15				
14				
17				
18				
21				

3

min	169 min	587 min				355 min
h min	2 h 49 min		7 h 32 min	8 h 7 min	1 h 59 min	

4

a) 3 8 7 · 4
3 0 0 · 4 =
8 0 · 4 =
7 · 4 =
3 8 7 · 4 =

b) 9 3 0 · 5

9 3 0 · 5 =

c) 6 6 6 · 8

5 Immer fünf Kärtchen gehören zusammen.
Male sie in einer Farbe an.

436 · 8

643 · 8

384 · 8

4 800

24

48

3 488

320

2 688

240

2 100

3 200

5 144

560

28

S. 53 ↓

1

a) T H Z E
3 2 1 3 · 3
T H Z E
9 6 3 9

b) T H Z E
2 4 3 1 · 2
T H Z E

c) T H Z E
2 1 3 6 · 2
T H Z E

d) T H Z E
1 2 1 8 · 3
T H Z E

e) T H Z E
2 4 1 3 · 3
T H Z E

f) T H Z E
1 2 3 1 · 4
T H Z E

g) T H Z E
2 3 6 0 · 3
T H Z E

h) T H Z E
3 2 1 2 · 5
T H Z E

In dieser Ziffernfolge findest du die Lösungszahlen:
48627080(9639)723942721606036544924

2

a) 1 4 8 2 · 4 b) 2 6 1 3 · 5 c) 2 7 1 4 · 6 d) 1 2 5 9 · 8

e) 3 5 8 7 · 4 f) 3 7 1 1 · 7 g) 3 2 7 1 · 3 h) 1 1 8 8 · 2

In dieser Ziffernfolge findest du die Lösungszahlen:
981313065592810072162842376259777174

3 Multipliziere schriftlich, die Addition ist die Probe.

a) 2 3 0 6 · 4 b) 1 0 5 9 · 5 c) 3 8 0 0 · 3 d) 1 2 0 8 · 2

a)
  2 3 0 6
  2 3 0 6
  2 3 0 6
+ 2 3 0 6

4 Überprüfe die Aufgaben. Streiche falsche Ergebnisse durch und schreibe die richtigen Ergebnisse darunter.

a) 5 3 0 7 · 5
2 6 8 5

b) 1 0 0 4 7 · 3
3 0 1 4 1

c) 7 8 0 0 · 6
4 6 8 0

d) 2 0 0 9 9 · 3
6 2 7 2 7

e) 5 6 0 0 9 · 9
5 0 4 0 8 1

f) 2 3 0 5 0 · 4
9 2 2 0

1 Verbinde die Aufgabe mit dem passenden Überschlag.

4 587 · 3 | 4 219 · 6 | 8 721 · 2 | 2 541 · 2 | 12 066 · 3 | 5 246 · 3

18 000 | 6 000 | 24 000 | 36 000 | 15 000 | 15 000

S. 5

2 Überschlage. Unterstreiche die Aufgaben

mit Ergebnissen zwischen 0 und 10 000 blau.
mit Ergebnissen zwischen 10 000 und 50 000 rot.
mit Ergebnissen zwischen 50 000 und 100 000 grün.

a)	b)	c)	d)
2 629 · 7	5 387 · 8	3 498 · 2	1 580 · 3
8 963 · 9	5 009 · 4	12 800 · 3	13 800 · 5
5 240 · 2	1 735 · 3	5 899 · 9	9 999 · 5
6 321 · 6	1 857 · 8	26 318 · 3	4 832 · 9

3 Überschlage. Rechne die Aufgaben, deren Ergebnisse zwischen 80 000 und 100 000 liegen, genau aus.

a)	b)
5 280 · 4	24 688 · 4
6 987 · 5	62 850 · 5
9 854 · 9	9 993 · 9
12 748 · 5	15 830 · 6
7 269 · 9	12 893 · 7
84 099 · 2	6 821 · 9

4 Überschlage zuerst mit glatten Tausendern, danach rechne genau.

a) Ü: 9 0 0 0
2 5 1 2 · 3
7 5 6 3

b) Ü:
2 4 9 9 · 3

c) Ü:
7 5 0 9 · 6

d) Ü:
7 4 9 8 · 6

e) Ü:
5 5 0 3 · 4

f) Ü:
5 4 9 4 · 4

g) Ü:
4 9 5 6 · 8

h) Ü:
5 0 1 3 · 8

5 Ergänze die fehlenden Ziffern.

a) 7 8 5 4 · 6
4 7 1 2 _

b) 4 3 1 _ · 9
3 8 8 0 8

c) 1 5 0 _ 9 · 4
6 0 0 3 6

S. 56/57↓

a) 45000 · 9 b) 38100 · 6 c) 18600 · 5

d) 40009 · 8 e) 51007 · 4 e) 80047 · 2

2

a) 14,87 € · 6 b) 25,08 € · 4 c) 18,97 € · 5

d) 21,75 € · 9 e) 25,98 € · 7 f) 23,45 € · 3

g) 17,35 € · 8 h) 19,99 € · 5 i) 36,07 € · 6

3 Hannah geht montags bis donnerstags jeweils eine Stunde zur Hausaufgabenbetreuung. Eine Stunde kostet 4,75 Euro. Ein Schuljahr hat ungefähr 40 Wochen. Trage ein.

1 Stunde	1 Woche	4 Wochen	16 Wochen	20 Wochen	40 Wochen

4 Max liest gern. Seine Oma schenkt ihm jeden Monat ein Buch aus einer Fortsetzungsserie, das Stück zu 6,95 Euro. Trage ein.

1 Monat	2 Monate	3 Monate	6 Monate	1 Jahr	$1\frac{1}{2}$ Jahre

5 Hannah bekommt ein neues Regal mit fünf Böden.
Jedes Regalbrett ist 1,45 m breit.
Wie viel m Stellfläche hat Hannah?

1 Löse mit dem Taschenrechner.

a) 23 587 + 33 968 = ________
45 897 · 3 = ________
4 859,55 Euro · 5 = ________
5 · 18 754 = ________
15 770 + 56 200 = ________

b) 87 536 – 19 784 = ________
4 536,85 m · 3 = ________
879 631 – 341 087 = ________
56 787 : 3 = ________
12 845 : 5 = ________

2 Du hast einen Euro und wünschst dir, dass du deinen Besitz jedes Jahr verdoppelst. Benutze den Taschenrechner. Trage ein.

1. Jahr	2. Jahr	3. Jahr	4. Jahr	10. Jahr	12. Jahr	16. Jahr	18. Jahr	20. Jahr
1 €	2 €	4 €						

3 Entscheide dich: im Kopf rechnen oder mit dem Taschenrechner?

a) 9 · 90 = ____
5 · 420 = ____
5 · 500 = ____
963 + 37 = ____

b) 1 000 – 2 = ____
8 000 : 10 = ____
486 : 9 = ____
4 800 : 6 = ____

c) 6 · 17 = ____
3 · 90 = ____
4 · 37 = ____
3 · 32 = ____

d) 4 798 + 11 = ____
5 678 – 396 = ____
45 000 : 9 = ____
567 + 174 = ____

4 Tippe ein und drehe den Taschenrechner auf den Kopf. Lies die Ergebnisse. Finde eigene Aufgaben.

[1][4][2][7][·][5][=] 7135 — SEIL
[1][2][6][7][8][+][2][2][4][5][9][=] ________ — ________
[5][1][5][2][6][–][1][4][7][=] ________ — ________

5 Wenn ich meine Zahl durch 4 dividiere, erhalte ich 4 391.
Meine Zahl heißt ________.

6 Ich denke mir eine Zahl, addiere 2 600, dividiere durch 6 und multipliziere mit 9. Ich erhalte 5 400.

☐ ⇄ ☐ ⇄ ☐ ⇄ ☐

1 Das sind die Äquatordurchmesser der Planeten. Runde sie auf glatte Tausender und erstelle ein Balkendiagramm. Benutze verschiedene Farben.

S. 59

Merkur:	4 878 km	5 000 km	Saturn:	120 984 km	______
Venus:	12 104 km	______	Uranus:	51 536 km	______
Erde:	12 756 km	______	Neptun:	49 530 km	______
Mars:	6 794 km	______	Pluto:	2 390 km	______
Jupiter:	142 796 km	______			

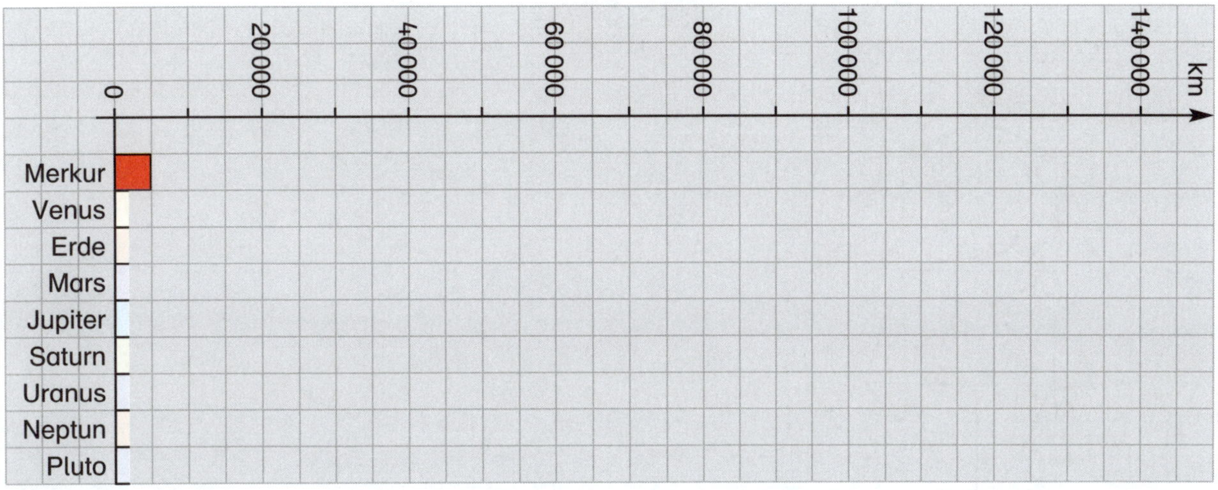

2 Ein Autohaus verkaufte im letzten Monat vier Autos zu je 18 795,00 Euro, drei Autos zu je 22 455,00 Euro und zwei Autos zu je 32 685,00 Euro.

a) Wie rechnest du?
Nummeriere die Kärtchen in der passenden Reihenfolge.
Streiche die Kärtchen durch, die du nicht brauchst.

b) Berechne die Einnahmen des Autohauses.

MASSSTAB

1 a) Zeichne eine eigene Figur in das freie kleine Netz.

b) Übertrage eine der beiden Zeichnungen vergrößert in das Netz.

S. 60 ↓

2 Miss die Strecken auf der Karte und berechne deren Länge in der Wirklichkeit.

S. 61 ↓

Strecke	Auf der Karte	In Wirklichkeit
→ Von der Wohnung zur Schule		
→ Von der Schule zum Schwimmbad		
→ Vom Schwimmbad zum Jugendheim		
→ Vom Jugendheim zur Bushaltestelle		

1 Hier sind einige Sachen verkleinert im Maßstab 1:20 abgebildet.
Miss deren Länge und berechne die Länge in der Wirklichkeit.

S. 62 ↓

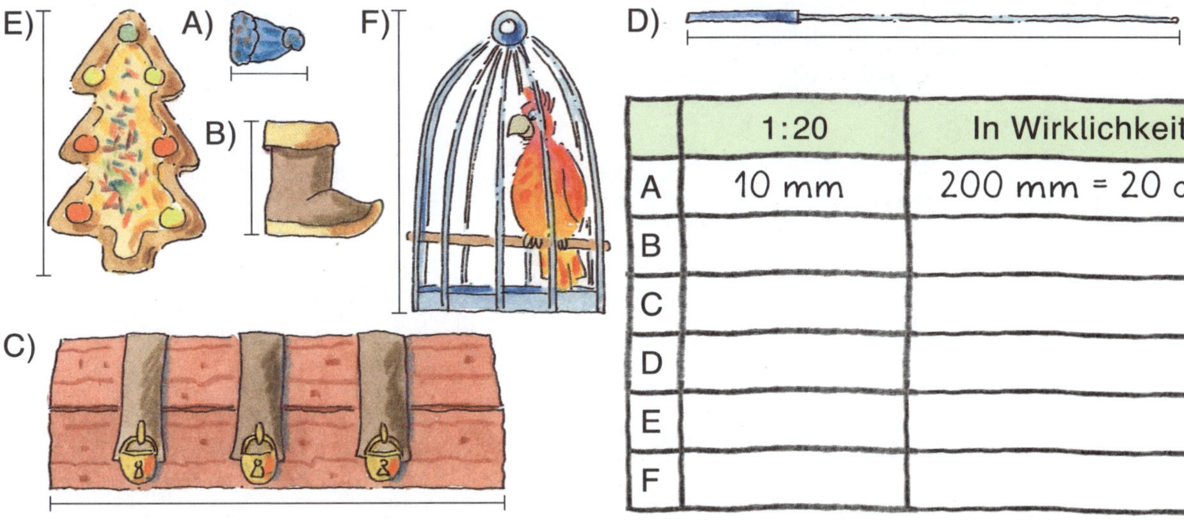

	1:20	In Wirklichkeit
A	10 mm	200 mm = 20 cm
B		
C		
D		
E		
F		

2

	Länge	1:10	1:100	1:1000
Lokomotive	16,80 m			
Flugzeug	63,60 m			
Wohnmobil	6,36 m			
Schulweg				125 cm
Kreuzfahrt-schiff			245 cm	

3 Weißt du noch?

S. 63 ↓

1 Woche = _____ Tage   1 Stunde = _____ Minuten

1 Tag = _____ Stunden   1 Minute = _____ Sekunden

4 Taschenrechner erlaubt.

Wochen	Tage	Stunden	Minuten	Sekunden
1				
2				
4				
52				
26				
$\frac{1}{7}$				
$\frac{1}{2}$				

FERIENHÄUSER

1 Frau und Herr Froh buchen im Strandhotel ein Doppelzimmer.

Anreise	Abreise	Preis pro Person und Nacht
4.8.	11.8.	75 €

Wie viel € bezahlen Herr und Frau Froh insgesamt?

2 Frau und Herr Sommer buchen im Stadthotel ein Doppelzimmer.

Anreise	Abreise	Preis für 2 Personen pro Nacht
7.7.	28.7.	98 €

Berechne die Hotelkosten für Frau und Herrn Sommer.

3 Frau und Herr Sonne buchen im Inselhotel ein Doppelzimmer mit Vollpension. Sie bezahlen für das Zimmer 1 088 € und für die Vollpension zusätzlich 320 €. Berechne die fehlenden Angaben auf der Rechnung.

Anreise	Abreise	Übernachtung pro Person und Nacht	Preis für Vollpension pro Person und Nacht	Rechnungsbetrag für 2 Personen
14.10.	22.10.	€	€	€

4 Herr Kaufmann bezahlt für 3 Übernachtungen im Einzelzimmer 261 €. Wie viel kostet eine Übernachtung?

S. 65 ↓

1

a)

5 7 8 : 2	
4 0 0 : 2 =	
1 7 8	
1 6 0 : 2 =	
1 8	
1 8 : 2 =	
5 7 8 : 2 =	

b)

9 3 6 : 4	
8 0 0 : 4 =	
1 3 6	
1 2 0 : 4 =	
1 6	
1 6 : 4 =	
9 3 6 : 4 =	

c)

8 3 7 : 3	
6 0 0 : 3 =	
2 3 7	
2 1 0 : 3 =	
2 7	
2 7 : 3 =	
8 3 7 : 3 =	

2

a)

9 5 9 : 7	
: 7 =	
: 7 =	
: 7 =	
9 5 9 : 7 =	

b)

8 5 8 : 6	
: 6 =	
: 6 =	
: 6 =	
8 5 8 : 6 =	

c)

9 7 6 : 8	
: 8 =	
: 8 =	
: 8 =	
9 7 6 : 8 =	

3

a)

3 7 5 2 : 7	
: 7 =	
: 7 =	
: 7 =	
: 7 =	

b)

6 1 3 2 : 7	
: 7 =	
4 9 0 : 7 =	
: 7 =	
: 7 =	

4

a)

8 9 3 : 8	
8 0 0 : 8 =	
9 3	
8 0 : 8 =	
1 3	
8 : 8 =	
5	
8 9 3 : 8 =	R

b)

7 5 7 : 4	
4 0 0 : 4 =	
3 5 7	
3 2 0 : 4 =	
3 7	
3 6 : 4 =	
1	
7 5 7 : 4 =	R

5 a) Frau Reiselustig bucht im Hotel Morgenluft vom 28.7. bis 4.8. ein Einzelzimmer. Sie bezahlt pro Übernachtung 69 € und für die Vollpension zusätzlich 18 €.

S. 66 ↓

1

a) 924 : 4 =
8
12
12
04
4
0
Probe: · 4

b) 735 : 5 =
5
23
20
35
35
0
Probe:

c) 912 : 6 =
6
31
30
12
12
0
Probe:

2

a) 994 : 7 =
7
29
28
14
14
0
Probe:

b) 984 : 8 =
8
18
16
24
24
0
Probe:

c) 980 : 4 =
8
18
16
20
20
0
Probe:

3

a) 942 : 6 =
Probe:

b) 951 : 3 =
Probe:

c) 924 : 7 =
Probe:

4

a) 8202 : 6 =
Probe:

b) 8348 : 4 =
Probe:

5

Meine Zahl ist um 6 größer als 7 · 700.
________________ Sie heißt ______.

Meine Zahl ist um 7 kleiner als 9 · 600.
________________ Sie heißt ______.

S. 67 ↓

1 a) 5873 : 4 =

```
5 8 7 3 : 4 =
4
1 8
1 6
  2 7
  2 4
    3 3
    3 2
      1
```

Probe:

b) 936 : 2 =

Probe:

2 a) 9837 : 7 =

Probe:

b) 768 : 6 =

Probe:

3 a) 8905 : 9 =

Probe:

b) 537 : 3 =

Probe:

4

a) 6 667 : 6 = ________ R ___

9 998 : 3 = ________ R ___

4 445 : 4 = ________ R ___

7 779 : 7 = ________ R ___

b) 8 889 : 8 = ________ R ___

8 889 : 4 = ________ R ___

8 889 : 2 = ________ R ___

5 556 : 5 = ________ R ___

c) 9 997 : 9 = ________ R ___

9 997 : 3 = ________ R ___

9 997 : 6 = ________ R ___

5 504 : 5 = ________ R ___

d) 8 887 : 8 = ________ R ___

8 887 : 4 = ________ R ___

8 887 : 2 = ________ R ___

4 443 : 4 = ________ R ___

1 a) 18 000 : 9 = ____
20 000 : 4 = ____
49 000 : 7 = ____
64 000 : 8 = ____

b) 21 042 : 7 = ____
35 014 : 7 = ____
56 056 : 7 = ____
56 056 : 8 = ____

c) 54 540 : 6 = ____
54 540 : 9 = ____
72 720 : 9 = ____
72 720 : 8 = ____

S. 68

2

3 032 : 4 | 5 500 : 5
6 060 : 6 | 8 181 : 9
327 : 3 | 2 121 : 3
2 121 : 7 | 9 081 : 9
2 424 : 6 | 4 792 : 8
8 484 : 7 | 1 010 : 5
1 812 : 2 | 1 050 : 7

800 < __ < 1 000

600 < __ < 800

400 < __ < 600

200 < __ < 400

000 < __ < 200

3

1 501 : 5 | 2 252 : 5
1 607 : 2 | 3 550 : 5
9 185 : 9 | 4 454 : 5
3 999 : 5 | 90 : 7
463 : 5 | 243 : 6
6 308 : 9 | 1 402 : 7
684 : 2 | 3 665 : 6

Rest 0

Rest 1

Rest 2

Rest 3

Rest 4

1

	1	2	3
	1	3	2
	2	1	3
	2	3	1
	3	1	2
+	3	2	1

1 + 2 + 3 =

1 3 3 2 : 6 =

Probe:

	3	4	5
	3	5	4
	4	3	5
	4	5	3
	5	3	4
+	5	4	3

S. 69 ↓

2 Frau Vogel fliegt von Berlin nach Tokio und zurück. Insgesamt ist sie 17 866 km geflogen.
Wie viel Flugkilometer sind es von Berlin nach Tokio?

S. 70 ↓

3 Herr Schnell reiste mit dem Zug von Berlin nach Essen. Er fuhr um 9.37 Uhr ab und kam um 16.37 Uhr an. Die Durchschnittsgeschwindigkeit des Zuges betrug 80 km/h.

4 Frau Norden reist mit dem Zug von Osnabrück nach Hamburg. Der Zug fährt um 14.52 Uhr ab und kommt um 18.04 Uhr in Hamburg an.

5 Finde das richtige Ergebnis.

a) 2 664 : 12 = ________

144 R 9	402 R 4
330 R 1	222 R 0

b) 3 330 : 5 = ________

1 110 R 0	666 R 0
222 R 0	444 R 4

c) 30 558 : 5 = ________

5 663 R 3	6 112 R 4
6 222 R 3	6 111 R 3

d) 59 850 : 8 = ________

6 335 R 0	7 231 R 2
7 357 R 4	8 248 R 6

e) 72 829 : 9 = ________

8 091 R 0	8 092 R 1
8 189 R 8	8 073 R 2

f) 4 662 : 7 = ________

666 R 6	662 R 0
669 R 2	666 R 0

S. 72/73

1 Herr und Frau Lustig verbrauchen jeden Tag durchschnittlich 163 l Wasser; Herr und Frau Meier 158 l.

Wie viel 10-l-Eimer Wasser verbrauchen Herr und Frau Meier im Monat (30 Tage) weniger als Herr und Frau Lustig.

2 Wasserverbrauch.

	an einem Tag	in einer Woche (7 Tage)	in einem Monat (4 Wochen)
Herr und Frau Klein	156 l		
Herr und Frau Schulz	147 l		
Unterschied			

3 Familie Groß duscht. In einer Minute verbraucht sie durchschnittlich 8 Liter Wasser. Berechne den Wasserverbrauch.

	Lea	Tim	Anna	Pia	Mutter	Vater
Zeit	3 min	$2\frac{1}{2}$ min	5 min	$4\frac{3}{4}$ min	$4\frac{1}{2}$ min	$3\frac{1}{4}$ min
Wasserverbrauch						

4 Herr und Frau Mittag benötigen zum Zubereiten des Essens etwa sieben Liter Wasser pro Tag. Familie Sonntag benötigt doppelt so viel Wasser.

Wie viel Liter Wasser benötigt Familie Sonntag in einem Jahr mehr als Familie Mittag?

5 Eine Kanne fasst drei Liter Wasser.

Wasser	30 l	360 l	720 l	1 080 l
Kannen				

S. 74/75 ↓

1 Wandle um. Schreibe für 1 l 200 ml = 1 200 ml.

a) 2 l 450 ml = ______ b) 1 l 50 ml = ______ c) 13 l 872 ml = ______
3 l 470 ml = ______ 2 l 40 ml = ______ 43 l 42 ml = ______
6 l 908 ml = ______ 6 l 98 ml = ______ 87 l 702 ml = ______
7 l 387 ml = ______ 7 l 7 ml = ______ 79 l 90 ml = ______

2 Vergleiche. Setze <, = oder > ein.

a) 405 ml ☐ 540 ml b) 5 l ☐ 500 ml c) 750 ml ☐ $\frac{3}{4}$ l
7 097 ml ☐ 7 l 970 ml $1\frac{1}{2}$ l ☐ 1 500 ml 125 ml ☐ $\frac{1}{2}$ l
6 009 ml ☐ 6 l 90 ml $3\frac{3}{4}$ l ☐ 3 250 ml 2 250 ml ☐ $\frac{1}{4}$ l
1 403 ml ☐ 1 l 43 ml $8\frac{1}{4}$ l ☐ 8 125 ml 1 250 ml ☐ $1\frac{1}{2}$ l

3 Wandle um. Schreibe für 14 600 ml = 14 l 600 ml.

a) 123 560 ml = ______ b) 3 786 ml = ______ c) $1\frac{1}{2}$ l = ______
234 179 ml = ______ 9 087 ml = ______ $3\frac{1}{2}$ l = ______
801 508 ml = ______ 9 878 ml = ______ $2\frac{1}{4}$ l = ______
976 434 ml = ______ 8 009 ml = ______ $6\frac{3}{4}$ l = ______

4 Runde auf volle Tausender: 9 987 ~ 10 000.

a) 5 078 l ~ ______ b) 7 498 l ~ ______ c) 8 500 l ~ ______
7 508 l ~ ______ 3 195 l ~ ______ 4 099 l ~ ______
8 900 l ~ ______ 4 612 l ~ ______ 6 609 l ~ ______
5 545 l ~ ______ 6 214 l ~ ______ 7 696 l ~ ______

5

a)

Saft	5 l
$\frac{1}{2}$-l-Flaschen	

b)

Saft	9 l
$\frac{3}{4}$-l-Flaschen	

c)

Saft	3 l
$\frac{1}{4}$-l-Flaschen	

6 Frau Grün hat $10\frac{1}{2}$ l Saft hergestellt.
Sie hat acht $\frac{1}{2}$-l-Flaschen und acht $\frac{3}{4}$-l-Flaschen.

Reichen die Flaschen?

ZAHLENRAUM BIS 1 000 000

1 a) 38 000 + 43 000 = ________
77 000 + 16 000 = ________
64 000 + 28 000 = ________
29 000 + 57 000 = ________

b) 85 000 – 21 000 = ________
96 000 – 34 000 = ________
45 000 – 25 000 = ________
79 000 – 48 000 = ________

S. 76/77

2 Schreibe die Zahlen auf.

a) einhundertneunundzwanzigtausend-vierhunderteinunddreißig

b) fünfhundertzweiundsiebzigtausend-dreihundertsechzehn

c) zweihundertfünftausendachthundert-vierundzwanzig

d) sechshunderteinunddreißigtausend-siebenhundertneun

e) achthundertdreizehntausend-siebenundsechzig

M	HT	ZT	T	H	Z	E

3 Setze < oder > ein.

a) 312 000 □ 384 000
278 000 □ 221 000
495 000 □ 459 000
176 000 □ 166 000

b) 120 000 □ 420 000
360 000 □ 560 000
740 000 □ 240 000
490 000 □ 190 000

c) 165 000 □ 265 000
499 000 □ 899 000
526 000 □ 226 000
319 000 □ 619 000

4 a) 300 000 + 10 000 + 5 000 + 8 + 200 + 30 = ________
60 + 10 000 + 400 + 2 + 7 000 + 50 000 = ________
400 000 + 20 000 + 7 000 + 500 + 50 + 6 = ________

b) 20 000 + 60 + 1 000 + 400 000 = ________
3 000 + 5 + 200 000 + 100 = ________
30 + 3 + 30 000 + 300 000 = ________

S. 78

5 Ordne die Zahlen nach der Größe. Beginne mit der kleinsten Zahl.

347 230 243 720 374 320 743 230 743 030 273 430

________, ________, ________, ________, ________, ________

1 Wie heißen die Nachbarhunderttausender?

a) ________ < 280 000 < ________
________ < 340 000 < ________
________ < 550 000 < ________

b) ________ < 630 000 < ________
________ < 270 000 < ________
________ < 880 000 < ________

2 a)

b)
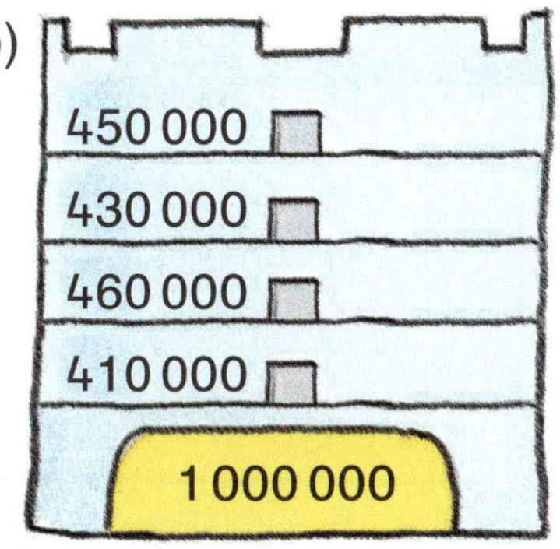

c)

3 a) 520 000, 540 000, 560 000, ________, ________, ________, 640 000
775 000, 780 000, 785 000, ________, ________, ________, 805 000
398 700, 398 800, 398 900, ________, ________, ________, 399 300

S. 79

b) 870 000, 860 000, 850 000, ________, ________, ________, 810 000
220 000, 215 000, 210 000, ________, ________, ________, 190 000
483 400, 483 300, 483 200, ________, ________, ________, 482 800

4 Vorgänger und Nachfolger.

a) ________, 218 423, ________
________, 867 340, ________
________, 525 801, ________
________, 674 088, ________

b) ________, 111 111, ________
________, 325 999, ________
________, 555 000, ________
________, 900 000, ________

5 Ergänze zum nächsten Hunderttausender.

a) 277 000 + ________ = 300 000
416 000 + ________ = ________
866 000 + ________ = ________

b) 182 000 + ________ = ________
555 000 + ________ = ________
739 000 + ________ = ________

6 Ergänze zu 1 000 000.

a) 450 000 + ________ = 1 000 000
430 000 + ________ = 1 000 000
460 000 + ________ = 1 000 000

b) 999 990 + ________ = 1 000 000
999 900 + ________ = 1 000 000
999 000 + ________ = 1 000 000

1 a) 360 + 430 = ____ 360 000 + 430 000 = ________

820 + 120 = ____ 820 000 + 120 000 = ________

710 + 280 = ____ 710 000 + 280 000 = ________

450 + 310 = ____ 450 000 + 310 000 = ________

b) 930 – 210 = ____ 930 000 – 210 000 = ________

880 – 360 = ____ 880 000 – 360 000 = ________

590 – 430 = ____ 590 000 – 430 000 = ________

670 – 650 = ____ 670 000 – 650 000 = ________

S. 79 ↓

2 Runde.

S. 81 ↓

Zahl	auf Hunderttausender gerundet	auf Zehntausender gerundet	auf Tausender gerundet
213 436			
384 625			
625 974			
392 076			
817 000			
569 666			

3

Zahl	200 000	420 000	350 000	160 000	370 000	432 000
das Doppelte						

4

Zahl	800 000	360 000	420 000	700 000	618 000	920 000
die Hälfte						

5 Ich denke mir eine Zahl.

a) Sie ist um 360 000 größer als 600 000. Meine Zahl heißt ________.

b) Sie ist um 250 000 kleiner als 780 000. Meine Zahl heißt ________.

c) Sie ist doppelt so groß wie 451 000. Meine Zahl heißt ________.

6 Sonnenaufgang: 5.25 Uhr, Sonnenuntergang: 21.52 Uhr.

Die Sonne scheint ____ Stunden und ____ Minuten.

1 a) 619 · 34 b) 432 · 45 c) 314 · 28 d) 238 · 35

S. 82/83

2 a) 426 · 271 b) 793 · 435 c) 1488 · 396

3 a) 628 · 95 b) 388 · 76 c) 405 · 34 d) 820 · 74

95 · 628 76 · 388 34 · 405 74 · 820

4 Herr Schmidt fährt jeden Morgen 39 km zur Arbeit und am Abend wieder zurück.

a) Wie viele Kilometer sind das im Monat, wenn er an 23 Tagen arbeitet?

b) Wie viele Kilometer fährt er in einem Jahr, wenn er 175 Tage arbeitet?

GRAMM, KILOGRAMM UND TONNE

S. 84 ↓

1 a)

	t	kg			
4 780 kg	4	7	8	0	4,780 t
8 105 kg					____ t
800 kg					____ t
5 601 kg					____ t
303 kg					____ t

b)

	t	kg			
20 kg					____ t
____ kg	8	4	0	2	____ t
____ kg					2,005 t
____ kg					0,08 t
____ kg					____ t

2 a) 1 t 525 kg = ____ kg
1 t 90 kg = ____ kg
6 t 6 kg = ____ kg
6 t 600 kg = ____ kg

b) 4 t 936 kg = ____ kg
4 t 9 kg = ____ kg
0 t 871 kg = ____ kg
0 t 36 kg = ____ kg

c) 2 t 400 kg = ____ kg
2 t 85 kg = ____ kg
1 t 100 kg = ____ kg
1 t 1 kg = ____ kg

3 a) 7 545 kg = __ t ___ kg
1 290 kg = __ t ___ kg
3 080 kg = __ t ___ kg
6 300 kg = __ t ___ kg

b) 201 kg = __ t ___ kg
8 kg = __ t ___ kg
980 kg = __ t ___ kg
55 kg = __ t ___ kg

c) 840 kg = __ t ___ kg
505 kg = __ t ___ kg
5 kg = __ t ___ kg
4 044 kg = __ t ___ kg

4 Schreibe in t mit Kommaschreibweise.

a) 4 543 kg = ____ t
1 710 kg = ____ t
3 040 kg = ____ t
4 700 kg = ____ t

b) 3 101 kg = ____ t
7 005 kg = ____ t
80 kg = ____ t
895 kg = ____ t

c) 10 500 kg = ____ t
90 000 kg = ____ t
4 kg = ____ t
2 093 kg = ____ t

5 >, < oder =?

a) 5 t 200 kg ☐ 5,020 t
8 080 kg ☐ 8 t 800 kg
0,912 t ☐ 920 kg
8,008 t ☐ 8 000 kg

b) 2 t ☐ 200 kg
2 t ☐ 2 000 kg
0, 2 t ☐ 200 kg
0,20 t ☐ 20 kg

c) 50 kg ☐ 5,0 t
50 kg ☐ 0,5 t
50 kg ☐ 0,005 t
50 kg ☐ 0,05 t

6 Ordne der Größe nach. Beginne beim schwersten Gewicht.

8,7 t (D) | 0,8 t (E) | 8 000 kg (H) | 8 750 kg (L) | 0,9 t (S) | 9 200 kg (F) | 950 kg (A) | 9,1 t (E)

Lösungswort:

___ ___ ___ ___ ___ ___ ___ ___

1 a)

	kg	g	g	g		
7 549 g	7	5	4	9	7,549	kg
6 208 g					______	kg
540 g					______	kg
7 000 g					______	kg
3 g					______	kg

b)

		kg	g	g	g		
______	g					1,8	kg
______	g					1,08	kg
______	g					1,008	kg
______	g		3	0	0	______	kg
______	g			9	9	______	kg

S. 85 ↓

2 a) 5 kg 865 g = ______ g
6 kg 95 g = ______ g
3 kg 9 g = ______ g

b) 0,458 kg = ______ g
5,4 kg = ______ g
8,95 kg = ______ g

c) 850 g = ______ kg
1 450 g = ______ kg
90 g = ______ kg

3

4 581 g					95 g	
4 kg 581 g	1 kg 84 g			8 kg 200 g		4 kg 4 g
4,581 kg		2,8 kg	0,005 kg			

4 a) 725 g + ______ = 1 kg
80 g + ______ = 1 kg
6 g + ______ = 1 kg

b) 630 kg + ______ = 1 t
3 kg + ______ = 1 t
333 kg + ______ = 1 t

c) 2,458 t + ______ kg = 3 t
6,7 t + ______ kg = 7 t
8,3 kg + ______ g = 9 kg

S. 86 ↓

5 Immer drei Karten ergeben genau 1 t. Male sie jeweils in einer Farbe an.
Tipp: Schreibe zuerst alle Gewichte in kg.

99 kg | 0,4 t ___ kg | 0,3 t ___ kg | 0,25 t ___ kg | 1 000 g ___ kg | 2 000 g ___ kg

628 kg | 18 kg | 900 kg | 582 kg | 450 kg | 370 kg

6 Ordne der Größe nach. Beginne beim leichtesten Gewicht.

2 000 g (T) | 2,1 t (S) | 0,4 kg (O) | 4 g (R) | 2 000 kg (H) | 0,4 t (C) | 0,04 t (U) | 4 kg (F)

Lösungswort:

___ ___ ___ ___ ___ ___ ___ ___

S. 88/89

1 Vervollständige die Schrägbilder.

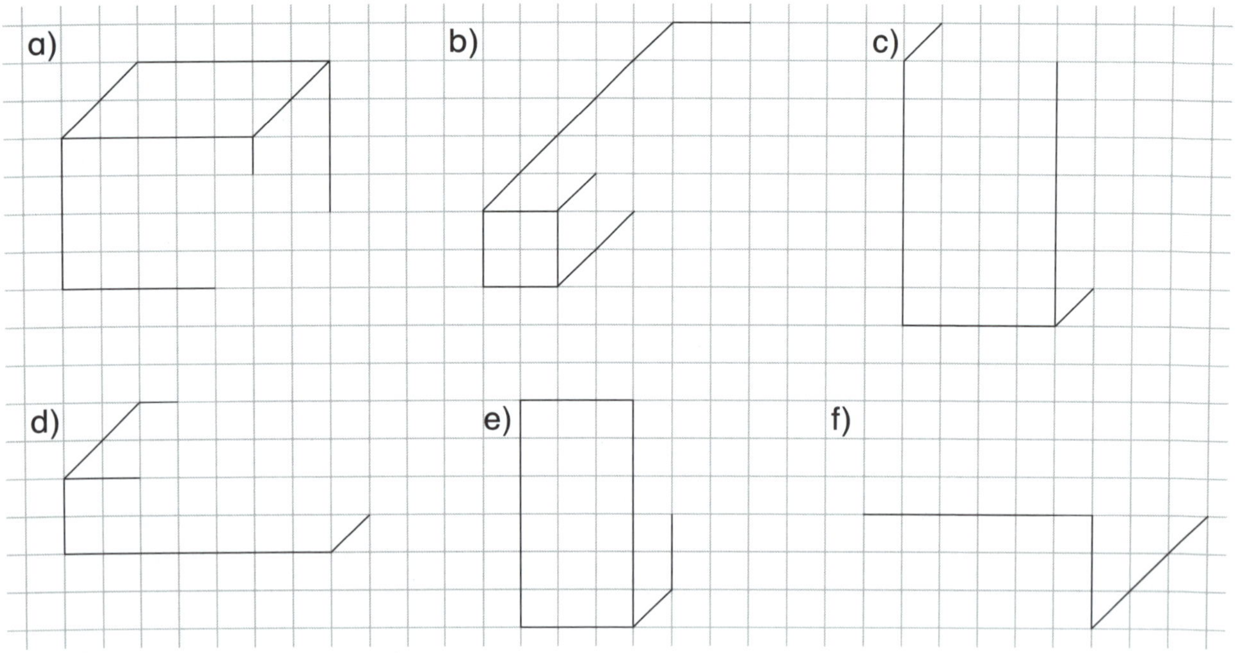

2 Zeichne auch die unsichtbaren Kanten ein.

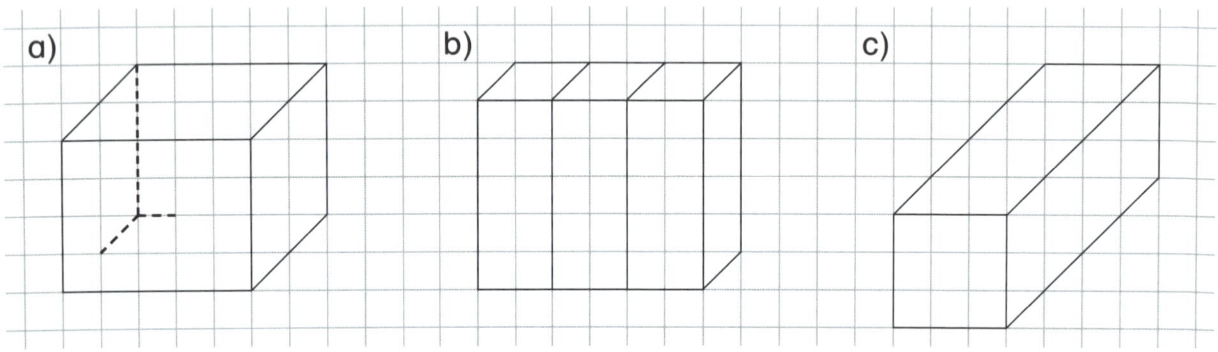

3 Ergänze ein Quadrat, damit ein Würfelnetz entsteht.

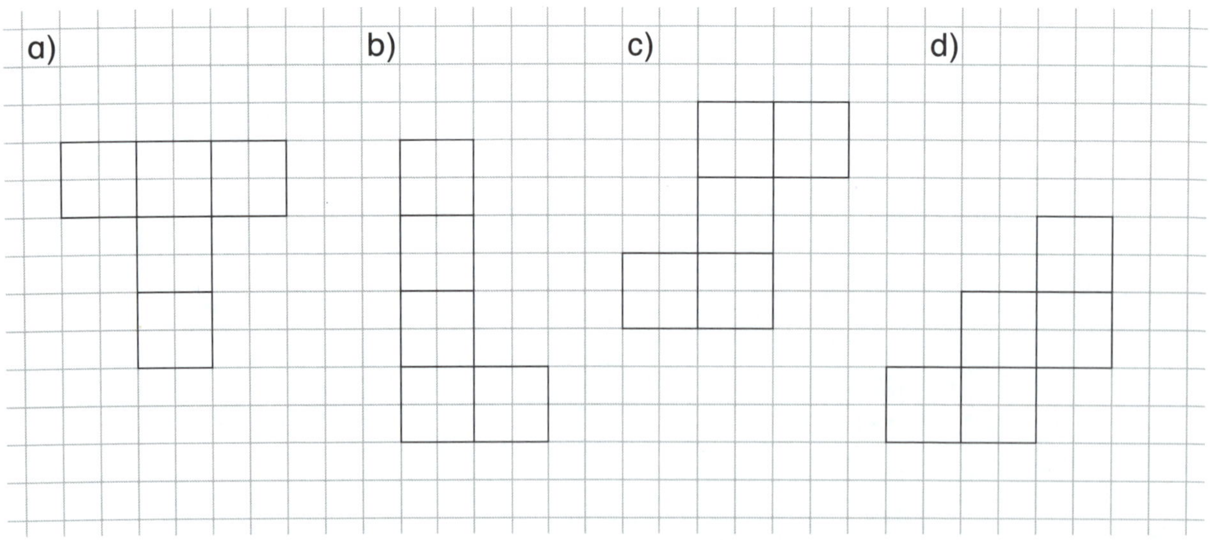

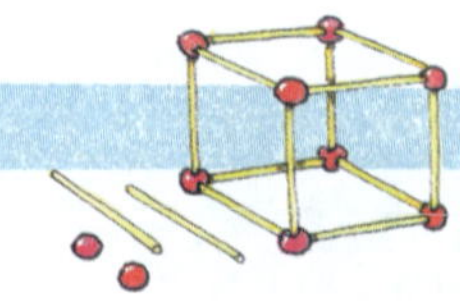

S. 91 ↓

1 Zeichne Würfel in verschiedenen Größen.

2 a) Zeichne die Treppe ab. b) Zeichne die Treppe nach rechts gespiegelt.

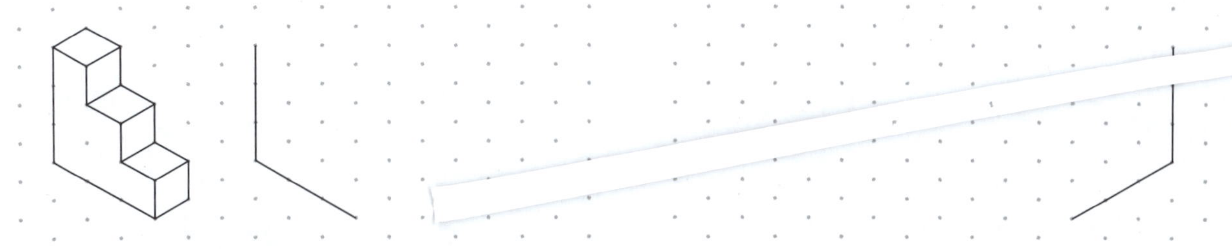

3 a) Zeichne die gedrehten oder gekippten Streichholzschachteln.

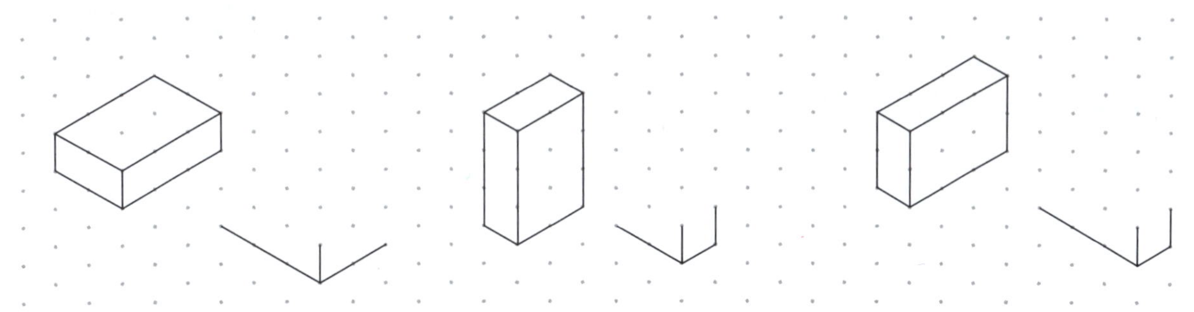

b) Zeichne zwei Streichholzschachteln aneinander und zeichne sie in das Gitter. Finde weitere Möglichkeiten.

GEOMETRIE DER EBENE

S. 92/93

1 Setze die Muster fort, färbe sie ein.

a)

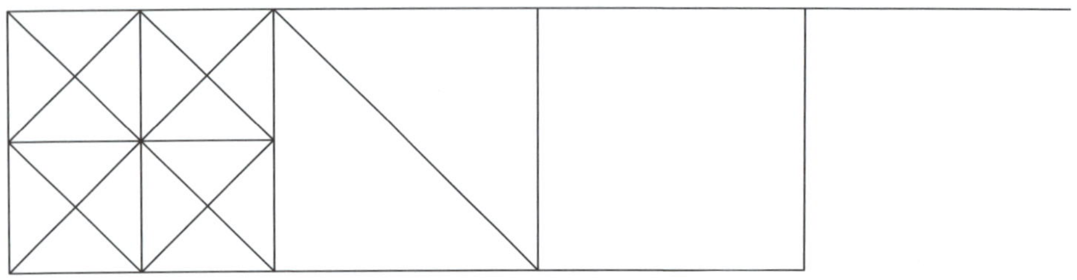

b)

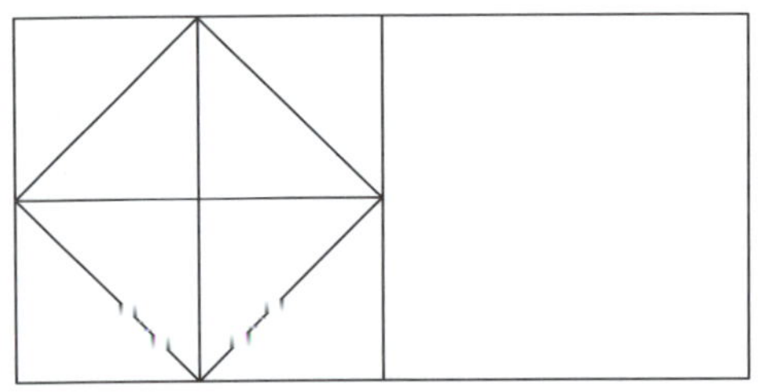

2 Zeichne zur Geraden g eine Parallele. Zeichne auf Gerade f eine Senkrechte. Kennzeichne den rechten Winkel.

3 Beschrifte die nebenstehende Zeichnung.

Mittelpunkt (m)
Radius (r)
Durchmesser (d)

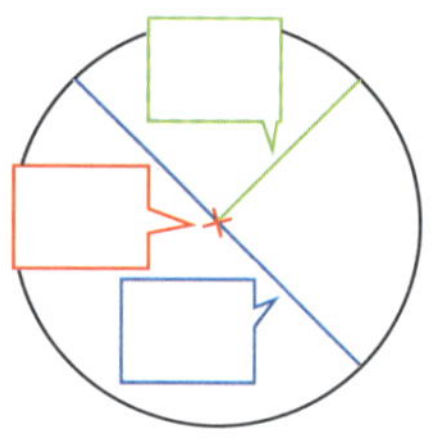

4 Füge die richtigen Begriffe in die Texte ein.

Zur Auswahl: Durchmesser – Fläche – Geodreieck – Mittelpunkt – Parallelen – Radius – rechte Winkel – senkrecht – Zirkel

a) Zwei Geraden, die sich im rechten Winkel schneiden, stehen ____________ aufeinander.

b) Ein Quadrat oder ein Rechteck hat vier ____________.

c) Jeder Kreis hat nur einen einzigen ____________.

d) Eine Strecke im Kreis, die den ganzen Kreis durchschneidet und durch den Mittelpunkt geht, heißt ____________.

e) Die Strecke vom Mittelpunkt eines Kreises bis zum Kreisbogen heißt ____________.

f) Zwei Geraden, die stets den gleichen Abstand haben und sich deshalb niemals schneiden, heißen ____________.

1 Vervollständige die Zeichnungen zu drehsymmetrischen Figuren. Benutze Geodreieck und Zirkel. Die rote Linie hilft dir.

S. 95

a)

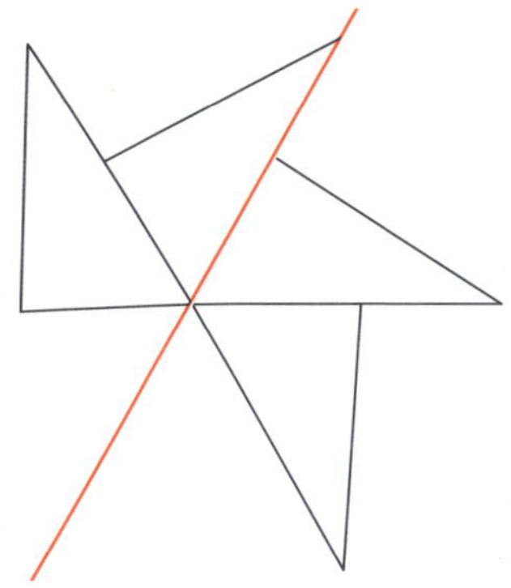

b)

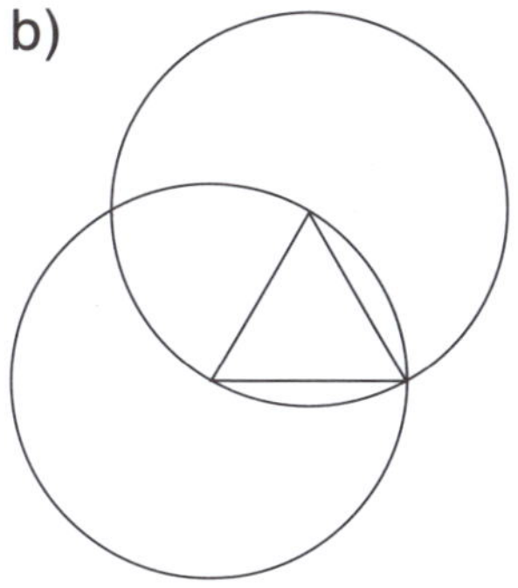

c)

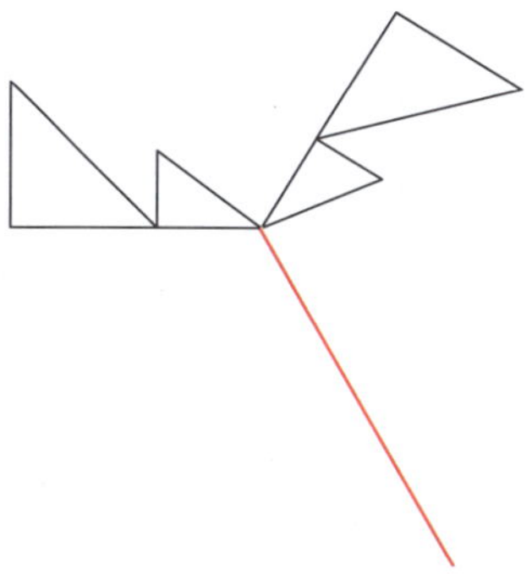

2 Verbinde die angegebenen Punkte im Gitternetz. Vervollständige die Zeichnung dann zu einer drehsymmetrischen Figur. Der Drehpunkt liegt jeweils bei f6.

S. 90

a) d6, a6, d8, f8, f11, h8, h6, k8 ___, ___, ___, ___, d6

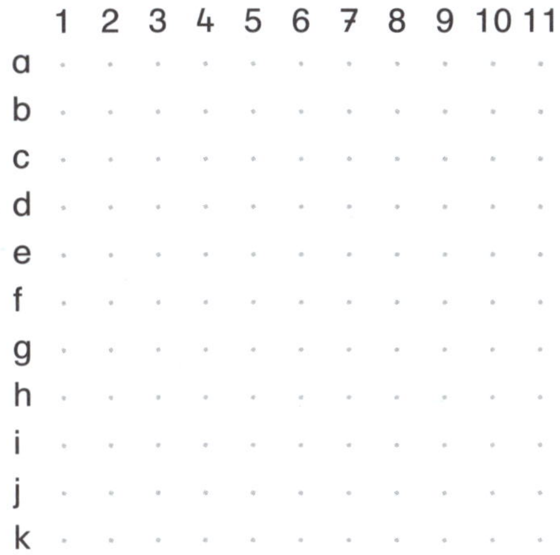

b) k6, k1, h4, f4, f1, a1, d4, d6, a6 ___, ___, ___, ___, ___, ___, ___, k6

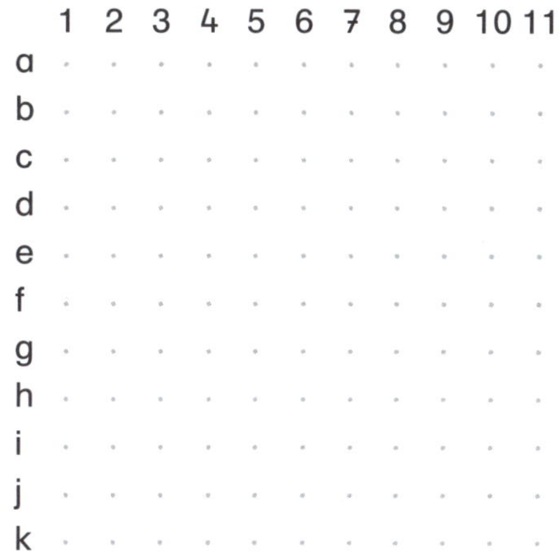

3 Welche Rechnung gehört zu welcher Aufgabe? Verbinde.

S. 97

a) Ein Quadrat mit der Seitenlänge 26 cm.

b) Ein Platz ist 26 m breit und 49 m lang.

c) Ein gleichseitiges Dreieck mit 49 mm Seitenlänge.

d) Ein quadratischer Marktplatz mit 49 m Seitenlänge.

e) Der Zaun eines quadratischen Gartens ist insgesamt 49 m lang.

49 ___ = ______ · ______

49 ___ + 49 ___ + 49 ___ + 49 ___ = ______

3 · 49 ___ = ______

26 ___ · 4 = ______

2 · 26 ___ + 2 · 49 ___ = ______

GRÖSSEN

1 Berechne.

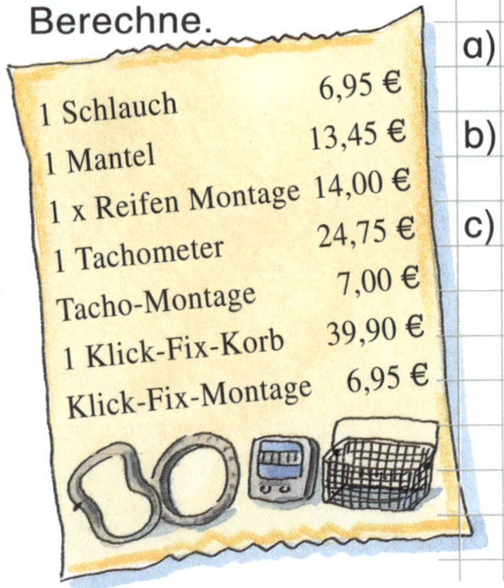

1 Schlauch	6,95 €
1 Mantel	13,45 €
1 x Reifen Montage	14,00 €
1 Tachometer	24,75 €
Tacho-Montage	7,00 €
1 Klick-Fix-Korb	39,90 €
Klick-Fix-Montage	6,95 €

a) Material:

b) Arbeitslohn:

c) Gesamtkosten:

S. 98 ↓

2 1 Woche = ___ Tage 1 Monat = ca. ___ Wochen 1 Jahr = ___ Wochen

1 Monat = ca. ___ Tage 1 Jahr = ca. ___ Tage 1 Jahr = ___ Monate

3 a) 1 Jahr, 1 Monat und eine Woche sind ______ Tage.

b) 2 Jahre, 2 Monate und 2 Wochen sind ______ Tage.

c) 4 Jahre, 4 Monate 4 Wochen sind ______ Tage.

d) 7 Jahre, 7 Monate 7 Wochen sind ______ Tage.

4 Tachometerstände vor und nach den Sommerferien. Ordne zu.

S. 99 ↓

A	B	C	D
1346	91	4876	2318
2432	236	5214	2334

Inge: „Mein Fahrrad war zu Beginn der Ferien fast neu.“ ☐

Leo: „Ich hatte zu Anfang der Ferien einen Fahrradunfall und konnte dann nicht mehr Fahrrad fahren.“ ☐

Klaus: „Ich bin mehr als 1 000 km gefahren.“ ☐

Petra: „Ich bin in jeder Woche ungefähr 50 km gefahren.“ ☐

5 Wer ist wer? Schreibe die Namen zu den Radfahrern.

Alfred, Klaus, Hannah und Petra fahren hintereinander her. Alfred ist nicht vorletzter. Hannah fährt genau zwischen Petra und Klaus. Petra fährt direkt vor Alfred.

____

S. 101↓

1 a) 1 000 000 mm = ________ cm
1 000 000 mm = ________ m
1 000 000 mm = ________ km

b) 1 000 000 g = ________ kg
1 000 000 g = ________ t

c) 1 000 000 ml = ________ l
1 000 000 ct = ________ €

Kannst du das auch?

e) 1 000 000 s = ________________

____

2 Wandle so um, dass du nicht so große Zahlen lesen musst.

a) 7 400 000 g = ________
6 300 g = ________
48 000 g = ________
3 263 000 g = ________

b) 350 000 ct = ________
48 000 ct = ________
488 ct = ________
2 500 ct = ________

c) 6 830 mm = ________
48 750 mm = ________
477 000 mm = ________
9 380 000 mm = ________

3 Verkehrte Welt.

a) 2 400 m = 2,4 kg
b) 6 t = 6 000 ct
c) 48 h = 2 km
d) 13 € = 1 300 Tage

Schreibe richtig.

4 Die Strecken wurden auf einer Karte im Maßstab 1 : 500 000 ausgemessen.

Strecke	Auf der Karte	In Wirklichkeit
a) Dinslaken – Münster	202 mm	
b) Heidelberg – München	670 mm	
c) Wiesbaden – Kassel	440 mm	

5 Was wäre, wenn das bei dir so wäre? Rechne aus.

a) Ein ausgewachsenes Huhn wiegt etwa das 100-fache seines „Geburtsgewichtes“.

____

b) Ein Eichhörnchen kann 10-mal so weit springen, wie es lang ist.

____

RÖMISCHE ZAHLEN

1

9 Hunderter 7 Tausender 6 Millionen	8 Hunderttausender 1 Zehntausender 2 Einer	2 Millionen 9 Tausender 7 Zehntausender	7 Einer 3 Zehner 8 Millionen
6 007 900	______	______	______
3 Hunderter 8 Hunderttausender 9 Zehner	2 Millionen 8 Einer 6 Zehntausender	7 Zehntausender 4 Hunderttausender 6 Hunderter	4 Millionen 3 Einer 5 Tausender
______	______	______	______

S. 102 ↓

2 Schreibe mit römischen Zahlzeichen.

a) 1 001 = ______ b) 1 010 = ______ c) 1 100 = ______ d) 1 050 = ______
1 002 = ______ 1 020 = ______ 1 200 = ______ 1 060 = ______
1 003 = ______ 1 030 = ______ 1 300 = ______ 1 070 = ______

3 Schreibe mit römischen Zahlzeichen.

a) 500 = ______ b) 1 500 = ______ c) 2 005 = ______ d) 2 050 = ______
600 = ______ 1 600 = ______ 2 006 = ______ 2 060 = ______
700 = ______ 1 700 = ______ 2 007 = ______ 2 070 = ______
800 = ______ 1 800 = ______ 2 008 = ______ 2 080 = ______

4 Schreibe die Zahlen mit arabischen Ziffern.

a) III = ______ b) XXV = ______ c) DL = ______ d) CVII = ______
VIII = ______ XXXVI = ______ DCL = ______ CCL = ______
XVII = ______ LXXXVI = ______ DCCL = ______ CXV = ______

5 Schreibe die Zahlen mit arabischen Ziffern.

a) XI = ______ b) XXII = ______ c) L = ______ d) MMD = ______
CXI = ______ CXXII = ______ LI = ______ MDC = ______
MCXI = ______ MXXII = ______ CLV = ______ MDV = ______

6 a) Meine Zahl hat zwei verschiedene römische Zahlzeichen und liegt zwischen LI und LX.

______

b) Meine Zahl hat nur ein römisches Zahlzeichen und liegt zwischen CCC und DCCC.

______

1 Schreibe mit römischen Zahlzeichen.

a) 104 = ______ b) 119 = ______ c) 139 = ______ c) 404 = ______

109 = ______ 129 = ______ 509 = ______ 444 = ______

S. 103

2 Schreibe mit arabischen Ziffern.

a) MIX = ______ b) LIV = ______ c) MMIV = ______ d) DXC = ______

XCV = ______ DIX = ______ DXIV = ______ CML = ______

3 Verbinde die gleichen Zahlen.

400	90	59	2009	900	2010	99	1900	40	9
XC	CD	LIX	CM	MMIX	MMX	XCIX	IX	MCM	XL

4 Geheime Botschaft.

S. 104

C	E	H	I	M	Ö	R	S
100	500	1000	50	240	42	300	12

__ ______ ist das Doppelte von CL.

__ ______ ist das Doppelte von XXI.

__ ______ ist das Doppelte von CXX.

__ ______ ist das Doppelte von XXV.

__ ______ ist das Doppelte von VI.

__ ______ ist das Doppelte von L.

__ ______ ist das Doppelte von D.

__ ______ ist das Doppelte von CCL.

__ ______ ist die Hälfte von XXIV.

__ ______ ist die Hälfte von DC.

__ ______ ist die Hälfte von M.

__ ______ ist die Hälfte von C.

__ ______ ist die Hälfte von CC.

__ ______ ist die Hälfte von MM.

Lösungswort: ______________________________

5 Schreibe die Zahl mit römischen und arabischen Ziffern.

a)

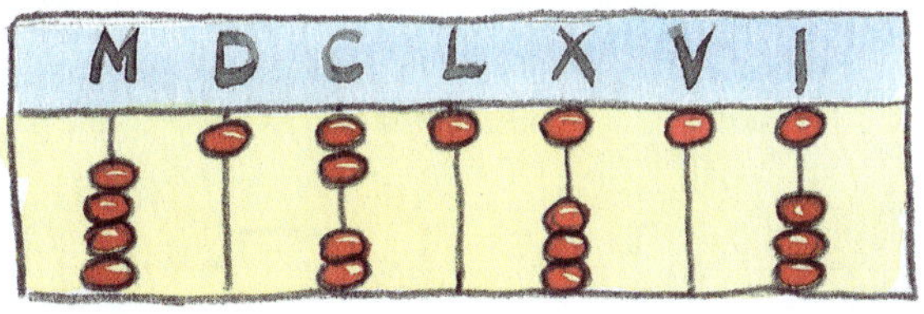

____

b)

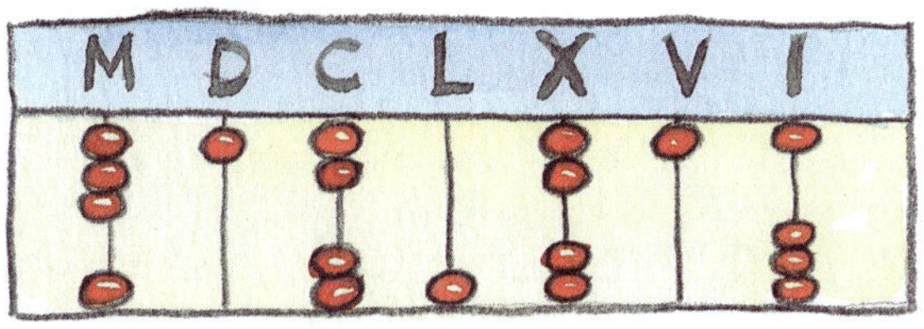

____

c)

____

d)

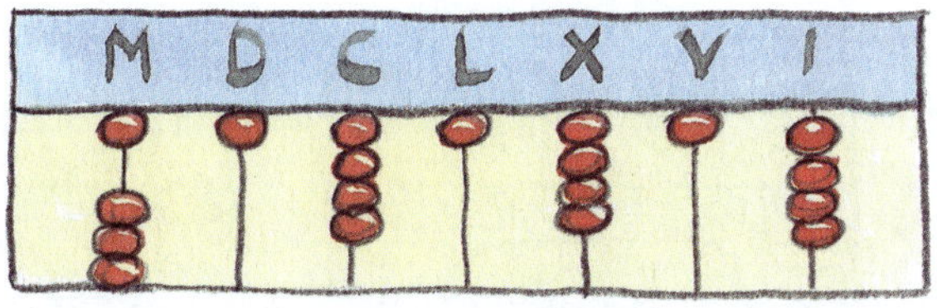

____

DAS KANN ICH ALLES

1 Berechne die Anzahl der Quadrate. Suche verschiedene Rechenwege.

S. 106

2

a) 6 + 12 + 18 + 24 + 30 = ____ 90 : 5 = ____ 5 · ____ = 90

b) 7 + 14 + 21 + 28 + 35 = ____ 105 : 5 = ____ 5 · ____ = 105

c) 8 + 16 + ____ + ____ + ____ = 120 120 : 5 = ____ 5 · ____ = 120

d) 9 + 18 + ____ + ____ + ____ = 135 135 : 5 = ____ 5 · ____ = 135

3

a) 20 + 40 + 60 + ____ + ____ = 300 300 : 5 = ____ 5 · ____ = 300

b) 30 + 60 + 90 + ____ + ____ = 450 450 : 5 = ____ 5 · ____ = 450

c) 40 + 80 + 120 + ____ + ____ = 600 ____ : 5 = ____ 5 · ____ = ____

d) 50 + 100 + 150 + ____ + ____ = 750 ____ : 5 = ____ 5 · ____ = ____

4 Bingo! Wähle aus beiden Stapeln jeweils eine Zahlenkarte. Multipliziere diese beiden Zahlen. Suche das Ergebnis in dem Bingofeld und kreise es ein. Wenn du drei Zahlen senkrecht, waagerecht oder diagonal gefunden hast, darfst du aufhören.

S. 107

5 600	4 900	7 200
6 300	2 100	2 700
6 400	2 400	8 100

5

a)

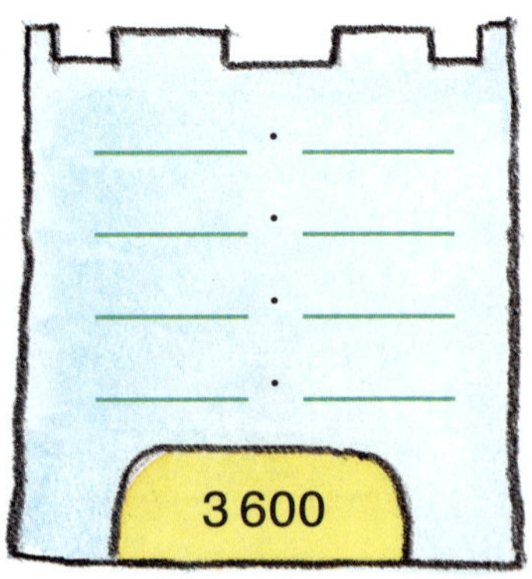

b)

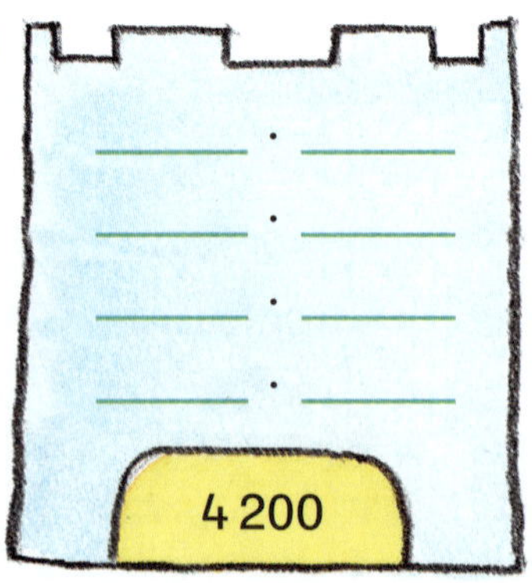

c)

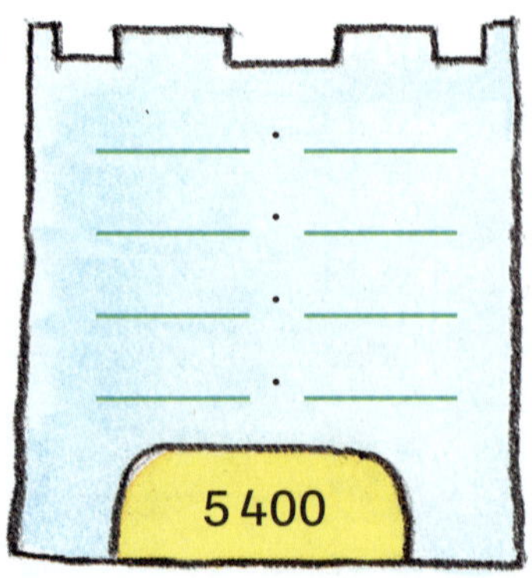